住房和城乡建设部"十四五"规划教材
高等学校土木工程专业系列教材

结构抗火设计基本原理

王卫永　李国强　刘红波　朱劭骏　编著

中国建筑工业出版社

图书在版编目（CIP）数据

结构抗火设计基本原理 / 王卫永等编著. -- 北京：中国建筑工业出版社，2025. 1. --（住房和城乡建设部"十四五"规划教材）（高等学校土木工程专业系列教材）. -- ISBN 978-7-112-30922-1

Ⅰ. TU352.5

中国国家版本馆 CIP 数据核字第 2025RX5453 号

本书以《建筑防火设计规范（2018年版）》GB 50016—2014、《建筑防火通用规范》GB 55037—2022、《建筑混凝土结构耐火设计技术规程》DBJ/T 15-81—2022 和《建筑钢结构防火技术规范》GB 51249—2017 内容为基础，结合作者多年的科研和教学工作经验，系统介绍了结构抗火的基本知识、基本理论和基本方法。

全书共分 8 章，主要内容包括：绪论、建筑耐火等级及结构耐火极限、火灾下室内空气升温、火灾下结构构件升温、高温下结构材料特性、结构防火设计原则与方法、结构构件耐火验算与防火保护设计、结构防火保护措施等。

本书可作为土木工程专业大学本科的教材，也可供结构工程和防灾减灾与防护工程专业的研究生及从事结构设计、施工等相关工程技术人员参考。

为更好地支持本课程教学，我社向选用本教材的任课教师提供课件，有需要者可与出版社联系，索取方式如下：建工书院：http://edu.cabplink.com，邮箱：jckj@cabp.com.cn，电话：(010)58337285。

* * *

责任编辑：仕　帅　吉万旺
文字编辑：周　潮
责任校对：张　颖

住房和城乡建设部"十四五"规划教材
高等学校土木工程专业系列教材
结构抗火设计基本原理
王卫永　李国强　刘红波　朱劭骏　编著
*
中国建筑工业出版社出版、发行（北京海淀三里河路9号）
各地新华书店、建筑书店经销
北京红光制版公司制版
廊坊市金虹宇印务有限公司印刷
*
开本：787毫米×1092毫米　1/16　印张：9¼　字数：222千字
2025年3月第一版　2025年3月第一次印刷
定价：**38.00**元（赠教师课件）
ISBN 978-7-112-30922-1
(44413)

版权所有　翻印必究
如有内容及印装质量问题，请与本社读者服务中心联系
电话：(010) 58337283　QQ：2885381756
（地址：北京海淀三里河路9号中国建筑工业出版社604室　邮政编码：100037）

出版说明

党和国家高度重视教材建设。2016年，中办国办印发了《关于加强和改进新形势下大中小学教材建设的意见》，提出要健全国家教材制度。2019年12月，教育部牵头制定了《普通高等学校教材管理办法》和《职业院校教材管理办法》，旨在全面加强党的领导，切实提高教材建设的科学化水平，打造精品教材。住房和城乡建设部历来重视土建类学科专业教材建设，从"九五"开始组织部级规划教材立项工作，经过近30年的不断建设，规划教材提升了住房和城乡建设行业教材质量和认可度，出版了一系列精品教材，有效促进了行业部门引导专业教育，推动了行业高质量发展。

为进一步加强高等教育、职业教育住房和城乡建设领域学科专业教材建设工作，提高住房和城乡建设行业人才培养质量，2020年12月，住房和城乡建设部办公厅印发《关于申报高等教育职业教育住房和城乡建设领域学科专业"十四五"规划教材的通知》（建办人函〔2020〕656号），开展了住房和城乡建设部"十四五"规划教材选题的申报工作。经过专家评审和部人事司审核，512项选题列入住房和城乡建设领域学科专业"十四五"规划教材（简称规划教材）。2021年9月，住房和城乡建设部印发了《高等教育职业教育住房和城乡建设领域学科专业"十四五"规划教材选题的通知》（建人函〔2021〕36号）。为做好"十四五"规划教材的编写、审核、出版等工作，《通知》要求：（1）规划教材的编著者应依据《住房和城乡建设领域学科专业"十四五"规划教材申请书》（简称《申请书》）中的立项目标、申报依据、工作安排及进度，按时编写出高质量的教材；（2）规划教材编著者所在单位应履行《申请书》中的学校保证计划实施的主要条件，支持编著者按计划完成书稿编写工作；（3）高等学校土建类专业课程教材与教学资源专家委员会、全国住房和城乡建设职业教育教学指导委员会、住房和城乡建设部中等职业教育专业指导委员会应做好规划教材的指导、协调和审稿等工作，保证编写质量；（4）规划教材出版单位应积极配合，做好编辑、出版、发行等工作；（5）规划教材封面和书脊应标注"住房和城乡建设部'十四五'规划教材"字样和统一标识；（6）规划教材应在"十四五"期间完成出版，逾期不能完成的，不再作为《住房和城乡建设领域学科专业"十四五"规划教材》。

住房和城乡建设领域学科专业"十四五"规划教材的特点：一是重点以修订教育部、住房和城乡建设部"十二五""十三五"规划教材为主；二是严格按照专业标准规范要求编写，体现新发展理念；三是系列教材具有明显特点，满足不同层次和类型的学校专业教学要求；四是配备了数字资源，适应现代化教学的要求。规划教材的出版凝聚了作者、主审及编辑的心血，得到了有关院校、出版单位的大力支持，教材建设管理过程有严格保障。希望广大院校及各专业师生在选用、使用过程中，对规划教材的编写、出版质量进行反馈，以促进规划教材建设质量不断提高。

住房和城乡建设部"十四五"规划教材办公室
2021年11月

前　言

火灾对人的生命和财产造成严重威胁，同时也给建筑结构安全带来巨大破坏。结构抗火是结构防灾减灾的一个重要分支，与结构抗震和结构抗风并列为结构防灾减灾的三大方向。为了确保结构在火灾中的安全，可以对结构进行科学的抗火设计，我国从20世纪90年代开始系统地研究混凝土结构、钢结构和组合结构的抗火性能。2006年我国颁布了结构抗火领域的第一部协会标准《建筑钢结构防火技术规范》CECS 200：2006，经过十年的技术发展和内容完善，2017年住房和城乡建设部批准该标准升级为国家标准《建筑钢结构防火技术规范》GB 51249—2017，为钢结构抗火设计提供了依据。2011年广东省住房和城乡建设厅率先颁布了广东省标准《建筑混凝土结构耐火设计技术规程》DBJ/T 15-81—2011，并在2022年进行了更新，给出了混凝土结构抗火设计的方法。为了普及结构抗火设计理论和知识，在最新规范内容的基础上编写了本书。

"结构抗火设计基本原理"是土木工程专业的主要专业特色课之一，是一门研究结构在火灾下的安全及抗火设计理论和方法的工程技术型课程。本课程是土木工程专业的选修课，课程教学的目的是使学生系统地掌握结构抗火设计的基本原理、基本方法，培养学生从事结构抗火设计的基本能力。

本书主要依据最新颁布的国家标准《建筑钢结构防火技术规范》GB 51249—2017和《建筑混凝土结构耐火设计技术规程》DBJ/T 15-81—2022的主要内容，结合作者多年从事结构抗火研究和教学工作的经验编写而成。

本书共分8章。第1章阐述了火灾的危害和结构抗火设计的目的和意义。第2章介绍了建筑耐火等级及结构耐火极限，包含耐火等级的划分、耐火极限的定义和影响耐火极限的因素等。第3章论述了火灾下空气的升温，包含火灾的类型和特点，一般室内火灾和大空间火灾空气升温的模拟。第4章讲解了火灾下结构的升温计算，包含传热方式，混凝土构件、钢构件和组合构件升温的计算方法。第5章讨论了高温下结构的材料特性，包括物理特性和力学性能；给出了主要的结构材料，包含普通混凝土、高强混凝土、普通钢筋、预应力钢筋、普通钢材和耐火钢等的热工性能和力学性能随温度的变化关系。第6章讲解了结构防火设计的原则和方法，主要内容有火灾下结构防火设计方法、火灾下荷载效应组合、火灾下构件内力的计算。第7章给出了结构构件耐火验算与防火保护设计，包括混凝土构件、钢构件、钢-混凝土组合构件等。第8章探讨了结构防火保护措施，给出了常用的防火保护方法和构造措施，以及防火保护材料的施工过程和验收标准。

本书既可作为土木工程专业大学本科的教材，也可供结构工程和防灾减灾与防护工程专业的研究生和有关工程技术人员参考。

本书大纲的拟定和全书的统稿由我负责，其中第1章由李国强和朱劲骏执笔，第8章由刘红波执笔，其余各章节由我执笔，我的研究生钱正昊、李思琪、王子琦、王领军等参与了图表的绘制工作，我代表全体作者对他们为本书做的贡献表示衷心的感谢。

由于我们水平和能力的限制，书中难免存在一些疏忽和不当之处，还望读者批评指正。

王卫永

2024 年 6 月

目 录

第1章 绪论 ··· 1
1.1 火灾的危害 ··· 1
1.1.1 火灾对生命安全的威胁 ·· 1
1.1.2 火灾对社会经济的危害 ·· 3
1.1.3 火灾对文明成果的毁坏 ·· 3
1.1.4 火灾对社会稳定的影响 ·· 4
1.1.5 火灾对生态环境的破坏 ·· 4
1.1.6 火灾对建筑结构的损伤 ·· 5
1.2 结构抗火设计的目的和意义 ··· 6
1.2.1 结构抗火的含义 ·· 6
1.2.2 建筑防火和结构抗火设计的目的 ··· 6
1.2.3 结构抗火设计的意义 ·· 7
1.3 结构抗火设计方法 ··· 7
1.3.1 传统方法 ·· 8
1.3.2 现代方法 ·· 8
1.3.3 性能化方法 ·· 9
1.3.4 结构抗火设计规范的发展 ·· 9
习题 ·· 10

第2章 建筑耐火等级及结构耐火极限 ··· 11
2.1 建筑耐火等级 ··· 11
2.1.1 民用建筑耐火等级 ·· 11
2.1.2 工业建筑耐火等级 ·· 12
2.2 构件耐火极限 ··· 13
2.2.1 耐火极限的含义 ·· 13
2.2.2 耐火极限的判断标准 ·· 13
2.2.3 耐火极限的规定 ·· 14
2.3 影响构件耐火极限的因素 ··· 15
2.3.1 结构材料 ·· 15
2.3.2 构件形状 ·· 15
2.3.3 荷载比 ·· 16
2.3.4 防火保护 ·· 16
习题 ·· 17

第3章 火灾下室内空气升温 ... 18
3.1 火灾荷载 ... 18
3.2 建筑室内火灾的类型和特点 ... 19
3.2.1 火灾的类型 ... 19
3.2.2 火灾的特点 ... 19
3.3 空气升温的模拟 ... 24
3.3.1 一般室内火灾的模拟 ... 24
3.3.2 标准升温曲线 ... 27
3.3.3 高大空间火灾的模拟 ... 30
习题 ... 31

第4章 火灾下结构构件升温 ... 32
4.1 传热方式 ... 32
4.1.1 热传导 ... 32
4.1.2 热对流 ... 32
4.1.3 热辐射 ... 33
4.2 混凝土构件温度计算 ... 33
4.2.1 计算方法 ... 33
4.2.2 标准火灾升温下构件截面温度场 ... 33
4.3 钢构件温度计算 ... 34
4.3.1 钢构件的升温计算类型 ... 34
4.3.2 温度均匀分布的钢构件温度计算 ... 35
4.3.3 温度不均匀分布的钢构件温度计算 ... 41
4.4 组合构件温度计算 ... 42
4.4.1 组合柱的温度计算 ... 42
4.4.2 组合梁的温度计算 ... 44
4.4.3 组合楼板的温度计算 ... 46
习题 ... 47

第5章 高温下结构材料特性 ... 49
5.1 普通混凝土热工参数 ... 49
5.2 混凝土高温力学性能参数 ... 51
5.2.1 普通混凝土 ... 51
5.2.2 高强混凝土 ... 52
5.3 钢筋高温物理性能参数 ... 52
5.4 钢筋高温力学性能参数 ... 53
5.5 结构钢材热工参数和高温力学性能参数 ... 55
5.5.1 普通结构钢 ... 56
5.5.2 耐火结构钢 ... 58
习题 ... 59

第6章 结构防火设计原则与方法 ··· 60
6.1 结构防火设计原则 ·· 60
6.1.1 火灾下结构的极限状态 ··· 60
6.1.2 结构防火计算模型 ··· 61
6.1.3 火灾下结构防火设计要求 ··· 62
6.2 火灾下荷载效应 ·· 63
6.2.1 基于承载力的极限状态设计方法 ··· 63
6.2.2 火灾下结构材料抗力的取值 ··· 63
6.2.3 火灾下荷载效应组合 ·· 63
6.3 火灾下构件内力计算 ··· 64
6.3.1 局部火灾下荷载效应计算 ·· 64
6.3.2 局部火灾下结构构件温度内力计算 ··· 65
习题 ··· 66

第7章 结构构件耐火验算与防火保护设计 ··· 67
7.1 混凝土结构构件耐火验算 ·· 67
7.1.1 普通混凝土构件 ·· 67
7.1.2 高强混凝土构件 ·· 79
7.1.3 预应力混凝土构件 ··· 79
7.2 普通钢结构构件耐火验算 ·· 82
7.2.1 轴力受力钢构件 ·· 82
7.2.2 受弯钢构件 ·· 85
7.2.3 压弯钢构件 ·· 88
7.2.4 钢框架梁和钢框架柱 ·· 90
7.3 耐火钢结构构件耐火验算 ·· 91
7.4 组合结构构件耐火验算 ··· 93
7.4.1 钢管混凝土柱 ··· 93
7.4.2 型钢混凝土柱 ··· 99
7.4.3 型钢混凝土梁 ··· 99
7.4.4 钢与混凝土组合梁 ··· 100
7.4.5 压型钢板组合楼板 ··· 107
7.5 防火保护设计 ··· 109
习题 ··· 110

第8章 结构防火保护措施 ··· 111
8.1 防火保护方法 ··· 111
8.1.1 常用防火保护方案 ··· 111
8.1.2 防火保护的构造和做法 ·· 113
8.2 防火保护工程的施工和验收 ·· 117
8.2.1 防火保护工程的施工 ·· 117

8.2.2　防火保护工程的验收 ·· 118
　习题 ··· 120
附录 1　标准升温下钢构件的升温 ·· 121
附录 2　标准火灾下钢管混凝土柱的承载力系数 ·· 129
附录 3　标准火灾下钢管混凝土柱防火保护层设计厚度 ····································· 130
参考文献 ·· 136

第1章 绪　　论

1.1　火灾的危害

在人类发展的历史长河中，火，燃尽了茹毛饮血的历史；火，点燃了现代社会的辉煌。火给人类带来文明进步、光明和温暖。但是，有时它是人类的朋友，有时是人类的敌人，失去控制的火，就会给人类造成灾难。火灾是指在时间或空间上失去控制的灾害性燃烧现象。在各种灾害中，火灾是最经常、最普遍的威胁公众安全和社会发展的主要灾害之一。

根据2007年6月26日公安部下发的《关于调整火灾等级标准的通知》，新的火灾等级标准调整为特别重大火灾、重大火灾、较大火灾和一般火灾四个等级，如表1-1所示。

火灾等级划分表　　　　表1-1

等级	死亡人数（人）	重伤人数（人）	财产损失（万元）
特别重大火灾	≥30	≥100	≥10000
重大火灾	10~30	50~100	5000~10000
较大火灾	3~10	10~50	1000~5000
一般火灾	<3	<10	<1000

火灾类型有建筑火灾、工业生产设备火灾、森林火灾、交通工具火灾等，其中建筑火灾发生次数最多，损失最大，约占全部火灾的80%。国家统计局数据显示，2023年全国共发生火灾事故87954起，造成4569人死亡，7923人受伤，直接经济损失高达1246亿元人民币。与2022年相比，火灾事故数量、死亡人数和受伤人数分别上升了3.2%、5.1%和7.6%。建筑火灾发生时，除烧毁生活或生产设备、对人的生命造成威胁外，还毁损建筑室内装饰及门、窗等构件，并可能造成建筑结构破坏。

1.1.1　火灾对生命安全的威胁

建筑物发生火灾会对人的生命安全构成严重威胁。一场大火，有时会吞噬几十人甚至几百人的生命。2000年12月25日，河南省洛阳市东都商厦火灾，致309人死亡（图1-1）。2003年2月2日，黑龙江省哈尔滨市天潭大酒店发生火灾，造成33人死亡，10人受伤，火灾原因是工作人员在取暖煤油炉未熄火的状态下，加注溶剂油，引起爆燃。2003年11月3日，湖南省衡阳市的衡州大厦发生特大火灾，大楼垮塌造成了衡阳市消防支队20名正在灭火的消防员牺牲，15名消防人员及现场采访记者受伤（图1-2）。2004年2月15日，吉林省吉林市中百商厦发生火灾，造成54人死亡，70人受伤（图1-3），是丢落烟头引燃仓库内易燃物品，导致火灾发生。2005年12月15日，吉林省辽源市最大的医院（辽源市中心医院）发生火灾，造成38人死亡，火是从配电室开始烧起的，很快就蔓延整个大楼，过火面积达 5000m²。2008 年 9 月 20 日，广东省深圳市龙岗区舞王俱乐部发生特大火灾，过火面积 150m²，造成 44 人死亡，64 人受伤，直接经济损失 1500 多万元（图 1-4）。2010 年 11 月 15 日，上海市静安区高层教师公寓特大火灾导致 58 人遇难，70 余人受伤，起火原因是无证电焊工违章操作。2013 年 6 月 3 日，吉林省德惠市宝源丰禽业有限公司火灾，造成 121 人遇难，76 人受伤。2020 年 10 月 1 日，山西省太原市迎泽区郝庄镇小山沟村的台骀山景区冰雕馆发生重大火灾，造成 13 人死亡，15 人受伤，过火面积约 2258m²，直接经济损失达 1789.97 万元，事故原因是景区电力作业人员违章操作。2023 年 1 月 15 日，盘锦浩业化工有限公司在烷基化装置水洗罐入口管道带压密封作业过程中发生爆炸着火，造成 13 人死亡，35 人受伤，直接经济损失约 8799 万元。

建筑物火灾对生命的威胁主要来自以下几方面：首先是建筑物采用的许多可燃性材料，在起火燃烧时产生高温高热，对人员的肌体造成严重伤害，甚至致人休克、死亡。据统计，因燃烧热造成的人员死亡约占整个火灾死亡人数的 1/4。其次，建筑材料燃烧过程中释放出的一氧化碳等有毒气体，人吸入后会产生呼吸困难、头痛、恶心、神经系统紊乱等症状，威胁生命安全。在所有火灾死亡的人中，约有 3/4 的人吸入有毒有害气体后直接导致死亡。再次，建筑物经燃烧达到甚至超过了承重构件的耐火极限，导致建筑整体或部分构件坍塌，造成人员伤亡。

图 1-1　洛阳东都商厦火灾

图 1-2　衡州大厦火灾

图 1-3　吉林市中百商厦火灾

图 1-4　深圳舞王俱乐部火灾

1.1.2 火灾对社会经济的危害

火灾造成的经济损失以建筑火灾为主,体现在以下几个方面:(1)火灾烧毁建筑内的财物,破坏设施设备,甚至因火势蔓延使整幢建筑物化为灰烬。2004年12月21日,湖南省常德市鼎城区桥南市场发生特大火灾,大火烧毁3220个门面、3029个摊位、30个仓库,过火建筑面积达83276m^2,直接财产损失1.876亿元,受灾5200余户,整个市场烧毁殆尽,一些精密仪器、棉纺织物等还因受火灾烟气的侵蚀造成永久性破坏,无法再次使用。(2)建筑物火灾产生的高温高热,将造成建筑结构的破坏,甚至引起建筑物整体倒塌。2005年2月12日,西班牙马德里市中心的温莎大厦发生火灾,导致了大厦部分楼层发生坍塌(图1-5),大厦高106m,地上32层,结构形式为钢结构和混凝土的组合结构,起火层外围部分钢柱由于受火而迅速升温,强度迅速降低,从而无法支撑上部的荷载而破坏,引起楼层的局部坍塌。(3)扑救建筑火灾所用的水、干粉、泡沫等灭火剂,不仅本身是一种资源损耗,而且使建筑内的财物遭受水渍、污染等损失。(4)建筑火灾发生后,建筑修复重建、人员善后安置、生产经营停业等活动,会造成巨大的间接经济损失。

(a)　　　　　　　　　　(b)

图1-5　西班牙马德里温莎大厦的破坏
(a)失控后的大火;(b)大楼的局部倒塌

1.1.3 火灾对文明成果的毁坏

一些历史保护建筑、文化遗址一旦发生火灾,除了会造成人员伤亡和财产损失外,大量文物典籍、古建筑等诸多的稀世瑰宝都将面临烧毁的威胁,这将对人类文明成果造成无法挽回的损失。1923年6月27日,原北京紫禁城(现为故宫博物院)内发生火灾,将建福宫一带清宫贮藏珍宝最多的殿宇楼馆烧毁,史料记载,共烧毁金佛2665尊、字画1157件、古玩435件、古书11万册,损失难以估量(图1-6)。1994年11月15日,吉林省吉林市银都夜总会发生火灾,火势蔓延到相邻的吉林市博物馆,使7000万年前的恐龙化石以及其他大批珍贵文物毁于一旦。1997年6月7日,印度南部一座神庙发生火灾,使这座建于公元11世纪的人类历史遗产付之一炬。2018年9月2日,位于巴西里约热内卢市的国家博物馆发生火灾,火势始终无法控制,使馆内2000万件藏品被烧毁(图1-7)。

1.1.4 火灾对社会稳定的影响

当重要的公共建筑、重要的单位发生火灾时,会在很大的范围内引起关注,并且造成一定程度的负面效应,影响社会稳定。2009年2月9日,正值元宵节,在建的中央电视台电视文化中心发生特大火灾(图1-8),大火持续燃烧了数小时,全国甚至世界范围内的主流媒体第一时间都进行了报道。火灾事故的认定及责任追究也受到了广泛的关注,造成了很大的社会反响。从许多火灾案例来看,当学校、医院、宾馆、办公楼等公共场所发生群死群伤恶性火灾,或者涉及粮食、能源资源等国计民生的重要工业建筑发生大火时,还会在民众中造成心理恐慌。家庭是社会的细胞,普通家庭生活受火灾的危害,也将在一定范围内造成负面影响,损害群众的安全感,影响社会的稳定。

1.1.5 火灾对生态环境的破坏

火灾的危害不仅表现在毁坏财物、残害人类生命,而且还会严重破坏生态环境。2006年11月13日,中国石油天然气股份有限公司吉林石化分公司双苯厂发生火灾爆炸(图1-9),火灾中由于生产装置及部分循环水系统遭到严重破坏,致使苯、苯胺和硝基苯等95t残余物料通过清净废水排水系统流入松花江,引发特别重大水污染事件(图1-10),事发后,松花江下游沿岸的哈尔滨市、佳木斯市以及俄罗斯哈巴斯克等城市面临严重的生化危机,哈尔滨市停止供水4天。再如森林火灾的发生,会导致大量的动物和植物灭绝、环境恶化、

图1-6 北京紫禁城火灾后场景

图1-7 巴西国家博物馆火灾

图1-8 中央电视台电视文化中心火灾

图1-9 双苯厂火灾

气候异常、干旱少雨、风暴增多、水土流失，导致生态平衡被破坏，引发饥荒和疾病流行，严重威胁人类的生存和发展。

图 1-10 双苯厂火灾污染的松花江

1.1.6 火灾对建筑结构的损伤

火灾中烟气温度迅速升高，几分钟内可达到 1000℃，烟气中携带大量的热量，通过热传导、热对流和热辐射的方式传到温度较低的物体上，暴露于热烟气中的结构构件的温度也会迅速升高。结构构件温度的升高会引起两个主要后果，一是构件产生较大的热膨胀变形，由于结构构件都不是独立构件，会受到周围构件和结构的约束作用，因此热膨胀会受到一定程度的限制，从而引起附加内力，在结构升温阶段该内力增大了构件的受力，从而对结构更加不利。二是结构材料在高温作用下强度和弹性模量会急剧下降（图 1-11），从而使承载能力和刚度退化，造成结构构件达到承载能力极限状态或发生较大的变形进而引发破坏和倒塌（图 1-12）。

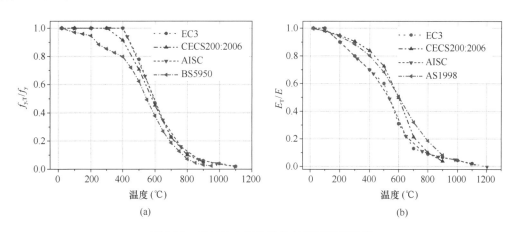

图 1-11 钢材的力学性能指标随温度的退化
(a) 钢材的屈服强度与温度的关系；(b) 钢材的弹性模量与温度的关系

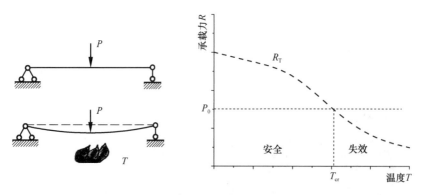

图 1-12 钢构件火灾下承载力下降示意图

1.2 结构抗火设计的目的和意义

1.2.1 结构抗火的含义

在有关建筑或结构抵御火灾的描述中,常用到三个名词:防火、耐火与抗火。这三个名词既有联系,又有区别。

"防"有"防止"与"防护"两重意思,相应的"防火"也有这两方面的含义。当"防火"指"防止火灾"时,主要用于建筑防火措施,如防火分区、消防设施布置等。当"防火"指"防火保护"时,用于建筑防护有防火墙、防火门等,用于结构防护有防火涂料、防火板等。

"耐"为"忍耐"和"耐久"的意思,有时间上的意义。因此,"耐火"主要指建筑在某一区域发生火灾时能忍耐多长时间而不造成火灾蔓延,及结构在火灾中能忍耐多久而不破坏。

一般根据建筑与结构构件的重要性及危险性,定义建筑物的耐火等级,并以此为基础,同时考虑消防灭火的时间需要,确定建筑部件(防火墙、防火门、吊顶等)的耐火时间及结构构件(梁、柱、楼板、承重墙等)的耐火时间。

"抗"主要为"抵抗"的意思。结构的功能即为抵抗各种环境作用,如抵抗重力、抵抗风荷载(简称抗风)、抵抗地震(简称抗震)等。火作为一种环境作用,结构同样需要抵抗。结构抗风与抗震是通过设计足够大的结构构件以抵抗由风或地震产生的结构内力来实现的,而结构抗火一般通过对结构构件采取防火保护措施,使其在火灾中承载力降低不致过多而满足受力要求来实现。

可见,"抗火"主要用于结构,即"结构抗火"。"结构耐火"与"结构抗火"的区别在于,"结构耐火"强调的是结构耐火时间,该时间只有在结构的荷载和约束状况确定的条件下才有意义;而"结构抗火"强调的是结构抵御火灾影响(包括温度应力、高温材性变化等),需要考虑荷载与约束条件。"结构抗火"设计,可归结为设计"结构防火"保护措施,使其在承受确定外载条件下,满足"结构耐火"时间要求,也即结构"防火""耐火""抗火"间的联系。

1.2.2 建筑防火和结构抗火设计的目的

进行建筑防火设计的目的主要有:

(1) 减小火灾发生的概率

通过科学合理的防火设计，可使一些火灾消失在萌芽状态，例如火灾发生初期，高温和烟雾可以触发喷淋系统，从而进行灭火；例如通过防火分区，可以把火灾范围限制在一个小的范围内，阻止火灾的蔓延，从而降低了火灾附近区域发生火灾的风险。

(2) 减少火灾直接经济损失

火灾的直接经济损失主要是指在火灾发生后，火势的破坏力很大，会导致建筑物、设施和物品受损严重，甚至完全损毁。这些财产损失通常需要大量的资金和时间来修复和恢复。在一些特别严重的火灾事故中，财产损失甚至会影响整个社会的经济发展，对国家和地区的经济造成极大的损害。

(3) 避免或减少人员伤亡

在火灾发生时，由于火势迅速蔓延和烟雾弥散，使得火场上的人员很容易被困或受伤。在此情况下，人员伤亡是最为严重的直接损失。火灾造成的人员伤亡不仅是对人们生命安全的威胁，更是对家庭和社会的巨大打击。如果火灾事故直接损失中包含了人员伤亡，往往意味着更为严重的后果，因此加强火灾预防和应对措施尤为重要，通过合理的防火设计可以大大减少人员的伤亡。

1.2.3 结构抗火设计的意义

进行结构抗火设计的意义主要是：

(1) 减轻结构在火灾中的破坏，避免结构在火灾中局部倒塌造成灭火及人员疏散困难

通过合理的抗火设计，建筑结构在火灾下可以保持较长的时间不破坏或倒塌，从而可以为人员的逃生、消防灭火或消防救援提供机会。

(2) 避免结构在火灾中整体倒塌造成人员伤亡

火灾与地震类似，都对建筑结构的安全造成严重威胁，火灾下建筑发生垮塌会对建筑中人员的生命构成巨大威胁，通过科学合理的结构抗火设计，使建筑结构在人员完全撤离之前保持稳定，从而避免因倒塌造成人员伤亡。

(3) 减少火灾后结构的修复费用，缩短灾后结构功能恢复周期，减少间接经济损失

火灾不一定都造成建筑的巨大破坏，建筑结构得到良好的防火保护后，建筑在火灾中可能会轻微损伤，这样防火保护就会大大降低后期的维修费用，同时缩短维修时间，进而减少了火灾引起的间接经济损失。

1.3 结构抗火设计方法

结构抗火设计的原则是确保火灾发生后规定时间内的结构安全。所谓规定时间，是指结构耐火时间要求，各国根据建筑物的重要性、火灾的危险性和结构构件的重要性，综合考虑人员和财产安全及火灾救援因素，确定了不同建筑物的各类结构构件的耐火时间要求，也称为耐火极限（需求），一般为 0.5~3h。结构抗火设计的原则是结构具有的耐火能力（火灾中结构保持不破坏并能持续的最长时间）应不低于其耐火极限（需求）。结构抗火设计的核心问题就是如何确定结构具有的耐火能力和规定的耐火极限（需求），针对这一问题采用不同的方法，结构抗火设计经历了三个阶段，即基于试验的传统方法、基于计算的现代方法和基于性能目标的性能化方法。

1.3.1 传统方法

传统的方法是基于标准试验的结构抗火设计方法。结构抗火试验方法的使用可以追溯到 17 世纪 90 年代,德国在 18 世纪 80 年代开始进行定量的抗火试验研究,而美国和英国开始于 18 世纪 90 年代。18 世纪 90 年代后期进行的大量关于抗火试验方法的探索,为 19 世纪初期的试验方法标准的形成奠定了基础。1918 年美国材料与试验协会(ASTM)颁布了第一版抗火试验标准 E119。国际标准化组织(ISO)在 1975 年颁布了第一版建筑构件耐火试验标准 ISO834,经过了 1979 年和 1980 年两次修订后,在 1999 年变更为 ISO 834-1。我国 1988 年以 ISO834 为基础,颁布了我国的第一版《建筑构件耐火试验方法》GB/T 9978—1988。提出以标准升温曲线作为试验条件,测试结构构件承载力失效时的耐火时间,以此确定结构构件的耐火能力,由此判断是否满足规定的耐火极限。该方法简单、明确,但成本高,对于大规格实际构件难以试验,且没有考虑火灾真实场景和结构构件间约束效应对构件耐火能力的影响。

一般钢构件在标准火灾(简称标准火)下的耐火能力不超过 20min,不能满足规定的耐火极限(需求),需采用防火保护措施(多采用防火涂料)延缓火灾下钢构件的升温,使钢结构的耐火能力满足规定的耐火极限(需求)。为确定钢结构满足规定耐火极限(需求)的防火涂料厚度需求,传统方法采用标准构件,以标准升温曲线和标准荷载作为试验条件,测试采用涂料保护的钢构件的耐火时间,通过判断达到规定的耐火极限(需求)作为所需防火保护措施的设计依据。这种方法虽然简单,但没有考虑实际构件截面大小、实际荷载大小和结构构件间约束效应的影响,不够严谨。

1.3.2 现代方法

现代方法基于热传导理论、材料力学和结构力学,计算结构耐火极限(需求)的时间范围内结构构件的受火升温,采用材料高温特性,计算构件高温极限承载力,判断是否不小于火灾时结构构件组合荷载下的内力,以此确定结构抗火安全。计算流程如图 1-13 所示。

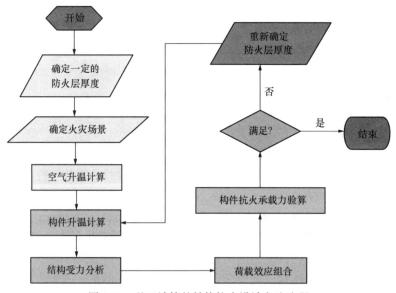

图 1-13 基于计算的结构抗火设计方法流程

基于计算的现代方法与基于试验的传统方法相比,可以考虑实际荷载大小、构件截面大小和构件间约束效应对构件耐火能力的影响,具有很大的进步,但仍采用规范规定的结构耐火极限(需求),且一般不考虑真实火灾场景对结构构件耐火能力的影响,具有一定局限性。

1.3.3 性能化方法

性能化方法以现代方法为基础,基于火灾科学模拟真实火灾场景,考虑真实火灾对结构构件耐火时间的影响,同时不再采用统一菜单式的结构耐火极限(需求)规定,而是基于风险分析,设定业主和管理部门均接受的结构耐火性能目标,通过分析计算,以结构在真实火灾场景下满足设定的耐火性能目标作为结构抗火安全设计依据。性能化抗火设计方法流程如图1-14所示。

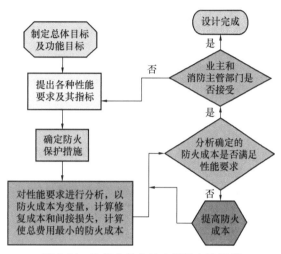

图1-14 性能化结构抗火设计方法流程

结构抗火设计性能化方法虽然科学、合理,但仍有许多理论和实际应用问题没有完全解决,例如火灾损失模型的构建,目前在工程中的应用还较少。

1.3.4 结构抗火设计规范的发展

国际上从20世纪70年代开始进行钢结构的抗火研究,在20世纪80和90年代已经取得了相当丰富的科研成果,并编制了基于计算的钢结构抗火设计规范。其中以英国钢结构设计规范BS 5950中的结构抗火部分BS 5950-8最有影响,提供了较为完整的基于计算的结构抗火设计现代方法。欧洲钢结构规范BS EN-1993中的Part1.2为钢结构抗火设计部分,即BS EN1993-1-2,该规范在2005年取代了BS 5950-8,并规定BS 5950-8在2010年3月废止。目前,欧洲规范的抗火设计理论,即基于计算的结构抗火设计方法,被认为代表了结构抗火的较高水平。

美国在结构抗火领域开展研究也较早,1974年在美国国家标准局成立了火灾研究中心;1990年成立了建筑与火灾研究实验室,进行了大量的钢结构抗火试验研究;2005年,美国钢结构设计规范AISC 360-05首次将钢结构防火设计纳入附录中,该附录提供了钢框架结构体系和构件,包含柱、楼板和桁架体系在火灾下的设计标准,推荐了两种结构抗火分析方法,即高等分析方法和简单分析法,分别适用于整体结构体系的抗火分析和温度均匀分布的单个构件抗火分析;2010年,美国钢结构设计规范AISC-360进行更新,新的版本AISC 360-10中关于结构防火设计的内容基本保持不变。

我国早在1956年就建立了建筑设计暂行防火标准,1974年颁布了《建筑设计防火规范》TJ 16—74,经历了1987年、2006年和2014年四个版本。现行《建筑设计防火规范》GB 50016—2014(2018年版)中对结构构件的耐火极限作出了明确规定。由于早期研究水平和设计技术的滞后以及管理体制的制约,很长一段时间内钢结构的防火保护设计,一直采用基于试验的传统方法。我国从20世纪80年代末开始开展钢结构抗火研究,经过了多年的积累,2006年颁布了基于计算的钢结构抗火设计方法的技术标准:《建筑钢结构防火技术规范》CECS 200：2006。2007 年 10 月国家标准《建筑钢结构防火技术规范》编制工作正式启动，2012 年该规范通过专家审查，2016 年通过中华人民共和国公安部审批，2017 年正式颁布，编号为 GB 51249—2017，从 2018 年 4 月 1 日正式实施。2011 年广东省率先颁布了广东省标准《建筑混凝土结构耐火设计技术规程》DBJ/T 15-81—2011，并在 2022 年进行了更新，给出了混凝土结构抗火设计的方法。目前，国家标准《建筑钢筋混凝土结构防火技术标准》正在征求意见，不久的将来，混凝土结构防火设计的国家标准将会实施。

习 题

1-1 火灾等级标准是如何划分的？
1-2 火灾对人类的危害主要有哪些？
1-3 建筑结构在火灾作用下为什么容易发生破坏？
1-4 结构抗火的含义是什么？
1-5 结构抗火设计的目的和意义主要有哪些？
1-6 结构抗火设计方法有哪些？特点是什么？

第 2 章 建筑耐火等级及结构耐火极限

2.1 建筑耐火等级

各类建筑由于使用性质、重要程度、规模大小、层数多少、火灾危险性和火灾扑救难易程度存在差异，所要求的耐火能力可能有所不同。根据建筑物不同的耐火能力要求，可将建筑物分为若干耐火等级。我国《建筑设计防火规范》GB 50016—2014（2018 年版）和《建筑防火通用规范》GB 55037—2022 将建筑物耐火等级分为四等。

2.1.1 民用建筑耐火等级

民用建筑根据其建筑高度和层数可以分为单、多层民用建筑和高层民用建筑。高层民用建筑根据其建筑高度、使用功能和楼层的建筑面积可分为一类和二类。具体规定如表 2-1 所示。

民用建筑的分类　　　　表 2-1

名称	高层民用建筑		单、多层民用建筑
	一类	二类	
住宅建筑	建筑高度大于 54m 的住宅建筑（包括设置商业服务网点的住宅建筑）	建筑高度大于 27m，但不大于 54m 的住宅建筑（包括设置商业服务网点的住宅建筑）	建筑高度不大于 27m 的住宅建筑（包括设置商业服务网点的住宅建筑）
公共建筑	1. 建筑高度大于 50m 的公共建筑； 2. 建筑高度 24m 以上部分任一楼层建筑面积大于 1000m² 的商店、展览、电信、邮政、财贸金融建筑和其他多种功能组合的建筑； 3. 医疗建筑、重要公共建筑、独立建造的老年人照料设施； 4. 省级及以上的广播电视和防灾指挥调度建筑、网局级和省级电力调度建筑； 5. 藏书超过 100 万册的图书馆、书库	除一类高层公共建筑外的其他高层公共建筑	1. 建筑高度大于 24m 的单层公共建筑； 2. 建筑高度不大于 24m 的其他公共建筑

注：1. 表中未列入的建筑，其类别应根据本表类比确定；
　　2. 宿舍、公寓等非住宅类居住建筑的防火要求，应符合公共建筑的规定，裙房的防火要求应符合高层民用建筑的规定；
　　3. 裙房的防火要求应符合现行《建筑设计防火规范》GB 50016—2014（2018 年版）有关高层民用建筑的规定。

民用建筑的耐火等级应根据其建筑高度、使用功能、重要性和火灾扑救难易程度确定，可按下述要求确定：地下或半地下建筑（室）和一类高层建筑的耐火等级不应低于一级；单、多层重要公共建筑和二类高层建筑的耐火等级不应低于二级；除木结构建筑外，老年人照料设施的耐火等级不应低于三级。

2.1.2 工业建筑耐火等级

根据目前我国登高消防车的一般工作高度、普通消防车的直接吸水扑救火灾高度及消防员的登高能力，将多、高层厂房的界限高度定于24m，即将高度大于24m、二层及二层以上的厂房划分为高层厂房，将高度小于或等于24m、二层及二层以上的厂房划为多层厂房。

厂房建筑的耐火等级与生产的火灾危险性密切相关。我国根据在厂房建筑内使用或生产物质的起火及燃烧性能，将这类建筑的火灾危险性分为五类，如表2-2所示。

生产的火灾危险性分类 表2-2

生产的火灾 危险性类别	使用或产生下列物质生产的火灾危险性特征
甲	1. 闪点小于28℃的液体 2. 爆炸下限小于10%的气体 3. 常温下能自行分解或在空气中氧化即能导致迅速自燃或爆炸的物质 4. 常温下受到水或空气中水蒸气的作用，能产生可燃气体并引起燃烧或爆炸的物质 5. 遇酸、受热、撞击、摩擦以及遇有机物或硫磺等易燃的无机物，极易引起燃烧或爆炸的强氧化剂 6. 受撞击、摩擦或与氧化剂、有机物接触时能引起燃烧或爆炸的物质 7. 在密闭设备内操作温度不小于物质本身自燃点的生产
乙	1. 闪点大于等于28℃、小于60℃的液体 2. 爆炸下限大于等于10%的气体 3. 不属于甲类的氧化剂 4. 不属于甲类的易燃固体 5. 助燃气体 6. 能与空气形成爆炸性混合物的浮游状态的粉尘、纤维、闪点大于等于60℃的液体雾滴
丙	1. 闪点大于60℃的液体 2. 可燃固体
丁	1. 对不燃烧物质进行加工，并在高温或熔化状态下经常产生强辐射热、火花或火焰的生产 2. 利用气体、液体、固体作为燃料或将气体、液体进行燃烧作其他用的各种生产 3. 常温下使用或加工难燃烧物质的生产
戊	常温下使用或加工不燃烧物质的生产

仓库建筑的耐火等级与储备物品的类别（火灾危险性）、建筑层数、建筑面积等有关。储存物品的火灾危险性可按表2-3分为五类。

厂房和仓库的耐火等级可分为一、二、三、四级。高层厂房，甲、乙类厂房的耐火等级不应低于二级；建筑面积不大于300m²的独立甲、乙类单层厂房可采用三级耐火等级标准；单、多层丙类厂房和多层丁、戊类厂房的耐火等级不应低于三级；使用或产生丙类液体的厂房和有火花、赤热表面、明火的丁类厂房，其耐火等级均不应低于二级；建筑面积不大于500 m²的单层丙类厂房或建筑面积不大于1000 m²的单层丁类厂房，可采用三级耐火等级标准。使用或储存特殊贵重的机器、仪表、仪器等设备或物品的建筑，其耐火等级不应低于二级。锅炉房的耐火等级不应低于二级,当为燃煤锅炉房且锅炉的总蒸发量不大于4t/h时,可采用三级耐火等级标准。油浸变压器室、高压配电装置室的耐火等级不应低于二级,其他防火设计应符合现行国家标准《火力发电厂与变电站设计防火标准》GB 50229等标准的规定。高架仓库、高层仓库、甲类仓库、多层乙类仓库和储存可燃液体的多层丙类仓库,其耐火等级不应低于二级;单层乙类仓库,单层丙类仓库,储存可燃固体的多层丙类仓库和多层丁、戊类仓库,其耐火等级不应低于三级。粮食筒仓的耐火等级不应低于二级,二级耐火等级的粮食筒仓可采用钢板仓;粮食平房仓的耐火等级不应低于三级,二级耐火等级的散装粮食平房仓可采用无防火保护的金属承重构件。

储存物品的火灾危险性分类　　　　　　　　　　　　　　　　　表 2-3

储存物品类别	火灾危险性的特征
甲	1. 闪点小于28℃的液体 2. 爆炸下限小于10%的气体,以及受到水或空气中水蒸气的作用,能产生爆炸下限小于10%的固体物质 3. 常温下能自行分解或在空气中氧化即能导致迅速自燃或爆炸的物质 4. 常温下受到水或空气中水蒸气的作用能产生可燃气体并引起燃烧或爆炸的物质 5. 遇酸、受热、撞击、摩擦以及遇有机物或硫磺等易燃的无机物,极易引起燃烧或爆炸的强氧化剂 6. 受撞击、摩擦或与氧化剂、有机物接触时能引起燃烧或爆炸的物质
乙	1. 闪点大于等于28℃但小于60℃的液体 2. 爆炸下限大于等于10%的气体 3. 不属于甲类的氧化剂 4. 不属于甲类的化学易燃危险固体 5. 助燃气体 6. 常温下与空气接触能缓慢氧化,积热不散引起自燃的物品
丙	1. 闪点大于等于60℃的液体 2. 可燃固体
丁	难燃烧物品
戊	非燃烧物品

2.2　构件耐火极限

2.2.1　耐火极限的含义

建筑结构构件的耐火极限定义为:构件在标准升温火灾条件下,失去稳定性、完整性或绝热性所用的时间,一般以小时(h)计。

2.2.2　耐火极限的判断标准

(1)隔热性

失去隔热性是指分隔构件一面受火时,背火面温度达到220℃,可造成背火面可燃物(如纸张、纺织品等)起火燃烧。

(2)完整性

失去完整性是指分隔构件(如楼板、门窗、隔墙等)一面受火时,构件出现穿透裂缝或穿火孔隙，使火焰能穿过构件，造成背火面可燃物起火燃烧。

（3）稳定性

失去稳定性是指结构构件在火灾中丧失承载能力，或达到不适于继续承载的变形。对于梁和板，不适于继续承载的变形定义为最大挠度超过 $l/20$，其中 l 为试件的计算跨度。对于柱，不适于继续承载的变形可定义为柱的轴向压缩变形速度超过 $3h\text{mm/min}$，其中 h 为柱的受火高度，单位以"m"计。

当进行结构抗火设计时，可将结构构件分为两类：一类为兼作分隔构件的结构构件（如承重墙、楼板），这类构件的耐火极限应由构件失去稳定性、失去完整性或失去绝热性三个条件之一的最小时间确定；另一类为纯结构构件（如梁、柱、屋架等），该类构件的耐火极限则由失去稳定性单一条件确定。

2.2.3 耐火极限的规定

确定结构构件的耐火极限要求时，应考虑下列因素：

（1）建筑的耐火等级。由于建筑的耐火等级是建筑防火性能的综合评价或要求，显然耐火等级越高，结构构件的耐火极限要求越高。

（2）构件的重要性。越重要的构件，耐火极限要求越高。由于建筑结构在一般情况下，楼板支承在梁上，而梁又支承在柱上，因此梁比楼板重要，而柱又比梁更重要。

（3）构件在建筑中的部位。如在高层建筑中，建筑下部的构件比建筑上部的构件更重要。

我国现行有关规范，仅考虑了上述（1）、（2）两个因素，对建筑结构构件的耐火极限要求作了明确规定，如表2-4所示。表2-4中非燃烧体、难燃烧体和燃烧体是指构件材料的燃烧性能，其定义如下：

（1）非燃烧体。指受到火烧或高温作用时不起火、不燃烧、不炭化的材料。用于结构构件的非燃烧体有：钢材、混凝土、砖、石等。

（2）难燃烧体。指在空气中受到火烧或高温作用时难起火，当火源移走后，燃烧立即停止的材料。用于结构构件的难燃烧体有：经过阻燃、难燃处理后的木材、塑料等。

（3）燃烧体。指在明火或高温下起火，在火源移走后能继续燃烧的材料。可用于结构构件的燃烧体主要有：天然木材、竹子等。

我国目前结构构件耐火极限要求的划分是以楼板为基准的。耐火等级为一级建筑的楼板的耐火极限定为1.50h，二级定为1.00h，三级定为0.50h，四级定为0.25h。确定梁的耐火极限时，考虑梁比楼板耐火极限相应提高，一般提高0.50h。而柱和承重墙比楼板更重要，则将它们的耐火极限在梁的基础上进一步提高。

建筑结构构件的燃烧性能和耐火极限要求 表2-4

构件名称		耐火等级 燃烧性能和耐火极限（h）			
		一级	二级	三级	四级
墙	防火墙	非燃烧体 4.00	非燃烧体 4.00	非燃烧体 4.00	非燃烧体 4.00
	承重墙、楼梯间、电梯井的墙	非燃烧体 3.00	非燃烧体 2.50	非燃烧体 2.50	难燃烧体 0.50

续表

构件名称		耐火等级 燃烧性能和耐火极限（h）	一级	二级	三级	四级
柱	支承多层的柱		非燃烧体 3.00	非燃烧体 2.50	非燃烧体 2.50	难燃烧体 0.50
	支承单层的柱		非燃烧体 2.50	非燃烧体 2.00	非燃烧体 2.00	燃烧体
梁			非燃烧体 2.00	非燃烧体 1.50	非燃烧体 1.00	难燃烧体 0.50
楼板			非燃烧体 1.50	非燃烧体 1.00	非燃烧体 0.50	难燃烧体 0.25
屋顶承重构件			非燃烧体 1.50	非燃烧体 0.50	燃烧体	燃烧体
疏散楼梯			非燃烧体 1.50	非燃烧体 1.00	非燃烧体 1.00	燃烧体

2.3 影响构件耐火极限的因素

确定结构构件的耐火极限能力时，一般采用标准试验的方法，也可以根据可靠的传热模型和结构热力耦合有限元模型分析得到。影响一个构件耐火极限能力的因素有很多，其中主要的因素包含：结构材料种类、构件尺寸、荷载比和防火保护类型。

2.3.1 结构材料

结构常用的材料有钢材、混凝土和木材等。影响构件耐火极限能力的材料性能指标主要是导热系数和强度折减系数。一般来说，导热系数越大的材料耐火性能越差，因为导热系数大的材料在火灾中升温迅速。钢材的导热系数大约是混凝土导热系数的40倍，因此，钢结构与混凝土结构相比，更不耐火。混凝土结构虽然导热系数较低，但混凝土内部由于含有水分，在高温作用下易形成高压水蒸气，造成混凝土的爆裂，且强度越高的混凝土爆裂越严重。木材虽然是可燃材料，但木结构的耐火性能较好，因为木结构在火灾下形成碳化层，阻止结构构件的进一步燃烧，火灾中木结构碳化层厚度一般为2～3cm，而木材导热系数较低，导致火灾中的木结构构件温度并不高。材料的强度折减系数是指高温下材料的强度与常温下强度的比值，在同一温度下，该系数越低，说明这种材料强度对温度越敏感。普通钢材和混凝土在600℃时的强度均约为常温下的45%，而耐火钢在600℃时的强度约为常温下的67%，显然耐火钢的耐火性能好一些。

2.3.2 构件形状

构件形状对构件的升温快慢产生较大的影响。以钢结构构件为例，一般用截面形状系数来定义钢构件类型，截面形状系数指构件单位长度的表面积（m^2）与体积（m^3）的比值，一般把截面形状系数小于等于10的构件称为重型钢构件，大于10的称为轻型钢构件，实际结构中绝大多数构件均为轻型钢构件。截面形状系数越大，说明构件截面越开展,越轻薄,在火灾中升温越快。

2.3.3 荷载比

荷载比是指结构构件上的荷载作用与构件常温下极限承载力的比值。通俗讲就是结构构件承受荷载的大小程度,荷载比为 0 的构件就是没有承受任何荷载作用,荷载比最大为 1,达到 1 时说明构件达到了满载,没有任何强度余量。荷载比是影响结构构件耐火极限的一个关键参数,荷载比越大,耐火极限越小。没有防火保护的钢结构,荷载比达到 0.5 以上时,耐火极限约为 20min。

2.3.4 防火保护

防火保护是阻止或延缓热量向结构构件传递的措施,也是提高构件耐火性能的主要方案。常用的防火保护材料是防火涂料和防火板。

(1) 防火涂料

钢结构防火涂料的品种较多,根据高温下涂层变化情况分为膨胀型和非膨胀型两大系列(图 2-1)。膨胀型防火涂料,又称薄型防火涂料,厚度一般为 2~7mm,其基料为有机树脂,配方中还含有发泡剂、碳化剂等成分,遇火后自身会发泡膨胀,形成比原涂层厚度大十几倍到数十倍的多孔碳质层。多孔碳质层可阻挡外部热源对基材的传热,如同绝热屏障。用于钢结构防火,耐火极限可达 0.5~1.5h。非膨胀型防火涂料,主要成分为无机绝热材料,遇火不膨胀,自身具有良好的隔热性,故又称隔热型防火涂料。其涂层厚度为 7~50mm,对应耐火极限可达到 0.5~3h,甚至更长时间。因其涂层比薄型防火涂料的要厚得多,因此又被称为厚型防火涂料。

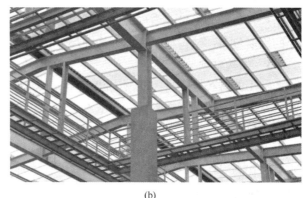

(a)　　　　　　　　　　　　　　(b)

图 2-1 钢结构防火涂料

(a)厚型防火涂料;(b)薄型防火涂料

(2) 防火板

建筑板材种类繁多,按其燃烧性能可分四类,即不燃材料(A 级)、难燃材料(B1 级)、可燃材料(B2 级)和易燃材料(B3 级)。不燃材料是指在高温下不燃烧的材料,即使在明火或高温下,不会像易燃材料一样容易着火;难燃材料指受到明火或高温作用时,不易起火,也不易快速蔓延,一旦火源被移开,燃烧会立即停止,这种材料在火灾发生时,能够有效延缓火势的蔓延,为人员疏散和灭火提供宝贵的时间;可燃材料是指在一定条件下能够燃烧的物质,它们可以是固体、液体或气体,具有一定的燃烧性能和危险性;

易燃材料是指与点火源（如着火的火柴）短暂接触能容易点燃且火焰迅速蔓延的粉状、颗粒状或糊状物质的固体。防火用板材基本应为不燃材料。

钢结构防火用板材分两类，一类是密度大、强度高的薄板；一类是密度较小的厚板。防火薄板使用厚度大多在 6～15mm 之间，主要用作轻钢龙骨隔墙的面板、吊顶板（又统称为罩面板），以及钢梁、钢柱经厚型防火涂料涂覆后的装饰面板（或称罩面板）。这类板有短纤维增强的各种水泥压力板（包括 TK 板，FC 板等）、纤维增强普通硅酸钙板、纸面石膏板，以及各种玻璃布增强的无机板（俗称无机玻璃钢），如图 2-2 所示。防火厚板的厚度可按耐火极限需要确定，在 20～50mm 之间。这类板主要有轻质（超轻质）硅酸钙防火板及膨胀蛭石防火板。轻质硅酸钙防火板是以 CaO 和 SiO_2 为主要原料，经高温高压化学反应生成硬硅钙晶体，再配以少量增强纤维等辅助材料经压制、干燥而成的一种耐高温、隔热性优良的板材。膨胀蛭石防火板是以特种膨胀蛭石和无机黏结剂为主要原料，经充分混合、成型、压制、烘干而成的另一种具有防火隔热性能的板材。

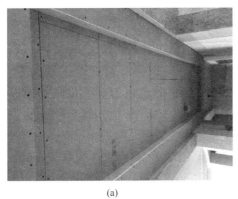 

(a) (b)

图 2-2 钢结构防火板材

(a) 防火石膏板；(b) 硅酸钙防火板

习　题

2-1　什么是建筑的耐火等级？民用建筑和工业建筑的耐火等级是怎样划分的？

2-2　什么是结构构件的耐火极限？耐火极限的判定标准有哪些？

2-3　影响构件耐火极限的因素有哪些？分别是如何影响的？

2-4　材料的可燃性是如何划分的？每个燃烧等级是什么含义？

第3章 火灾下室内空气升温

火灾是火失去控制而蔓延的一种灾害性燃烧现象。火灾的发生必须具备如下三个条件：存在能燃烧的物质，能持续地提供助燃的氧气或其他氧化剂，有能使可燃物质燃烧的着火源。当三个条件同时出现，就可能引发火灾。建筑物之所以容易发生火灾，就是因为上述三个条件同时出现的概率较大。

3.1 火灾荷载

可燃材料都可燃烧，但材质不同，其燃烧释放的热量和燃烧速率等燃烧性能也不同。材料的燃烧速率除与材质有关外，还受很多其他因素（如通风、表面积等）的影响，而材料燃烧释放的总热量一般取决于材料本身的性质，与材料的燃烧热值有关。材料的燃烧热值是单位质量的材料完全燃烧所释放的总热量，不同燃烧物的燃烧热值变化范围很大。

建筑中的可燃材料的数量称之为火灾荷载。火灾荷载显然与建筑面积或容积有关。一般地，大空间将比小空间有更多的可燃物。为消除建筑面积因素对火灾荷载的影响，在防火工程中引入了火灾荷载密度的概念。火灾荷载密度定义为房间中所有可燃材料完全燃烧时所产生的总热量与房间的特征参考面积之比。房间的特征参考面积一般采用房间的地面面积 A_{fl}，则火灾荷载密度计算公式为

$$q = \frac{1}{A_{fl}} \Sigma M_V H_V \tag{3-1}$$

式中，q 为火灾荷载密度（MJ/m²）；M_V 为室内可燃材料 V 的总质量（kg）；H_V 为室内可燃材料 V 的热值（MJ/kg）。

在着火房间里一般不会把所有可燃物全部烧光，因而实际上火灾荷载密度应乘一个 0～1 之间的系数 μ，以考虑可燃物的实际燃烧程度，即

$$q = \frac{1}{A_{fl}} \mu \Sigma M_V H_V \tag{3-2}$$

式中，μ 为非完全燃烧系数，与燃料类型有关，在 0～1 之间。当实际值不能确定时，可偏于安全取 1.0。

在工程上，有时将火灾荷载密度定义为单位面积上的当量标准木材质量，即

$$q' = \frac{1}{A_{fl} H_0} \mu \Sigma M_V H_V \tag{3-3}$$

式中，H_0 为标准木材的热值，取为 18.4MJ/kg。

3.2 建筑室内火灾的类型和特点

3.2.1 火灾的类型

建筑火灾现象与火灾空间的大小和几何形状密切相关，一般建筑室内火灾的"室"是指相当于建筑物内的普通房间那样大小的受限空间，其体积大小的数量级约为$100m^3$，且房间长宽比不大。

还有一类建筑室内火灾的"室"为高大空间，如厂房、剧院、车站、机场、展览馆、商场等，这类建筑的特点是建筑空间高度大（通常大于4m），空间面积大（通常大于$500m^2$）。应该注意的是，高大空间火灾的特性与一般室内火灾有极大的差异。

根据室内空间的大小和相应的火灾燃烧特点，建筑室内火灾可分为两种类型，即一般建筑室内火灾和高大空间火灾。

3.2.2 火灾的特点

1. 一般建筑室内火灾

一般建筑室内火灾的发展可分为三个阶段，即初期增长阶段、全盛阶段及衰退阶段，如图3-1所示。在初期增长阶段和全盛阶段之间有一个标志着火灾发生质的转变现象——轰燃现象。轰燃现象是一般室内火灾过程中一个非常重要的现象。

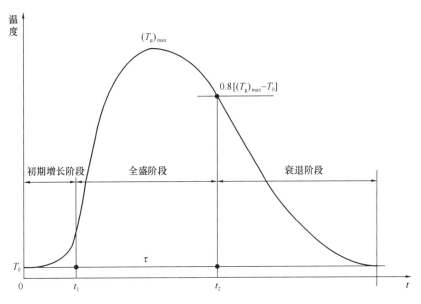

图3-1 一般建筑室内火灾的发展过程

（1）初期增长阶段

这个阶段的燃烧面积很小（限于室内局部），而室内温度不高，烟少且流动相当慢，如图3-2所示。这一阶段的持续时间取决于着火源的类型、物质的燃烧性能和布置方式，以及室内的通风情况等。例如，由明火引燃家具所需的时间较短，而烟头引燃被褥由于需经历阴燃，则所需时间较长。这一阶段是扑灭火灾的最有效时机。此时，如果室内通风条件很差，火灾将因缺氧而自动熄灭。如果室内通风条件较好，随着可燃气体充满整个空间，室内可燃装修、家具或织物等将几乎同时开始燃烧，即产生轰燃现象（相当于图 3-1 中 t_1 时刻），火灾随即进入全盛阶段。

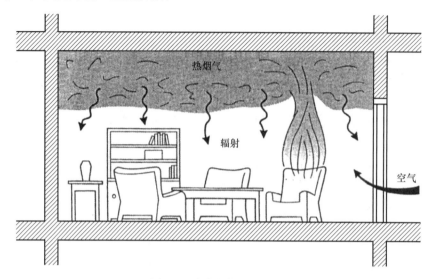

图 3-2 火灾初期增长阶段

（2）全盛阶段

这一阶段室内处于全面而猛烈的燃烧状态，室内温度达到最高（一般可达 800℃），热辐射和热对流加剧，火焰可能从通风口窜出室外。这一阶段的持续时间长短及最高温度主要取决于可燃物的质量、门窗洞口的大小和部位及室内墙体热工性质等。当室内大多数可燃物烧尽，室内温度下降至最高温度的 80%（图 3-1 中 t_2 时刻）以下时，即认为火势进入衰退阶段。

（3）衰退阶段

这一阶段室内温度逐渐降低，室内可燃物仅剩暗红色余烬及局部微小火苗，温度在较长的时间内保持在 200～300℃，当燃烧物全部烧光后，火势趋于熄灭。

可燃物引燃后，将以热量的方式释放能量。在火灾初期增长阶段，可燃物释热能速率一般会随时间不断增大，可采用 t^2 增长模型（图 3-3），即火灾释热率 Q 为

$$Q = \alpha t^2 \tag{3-4}$$

式中，Q 为火灾释放热量速率，简称火灾释热率（MW）；t 为时间（s）；α 为常数（MW/s²），与火灾增长类型有关，如表 3-1 所示。

火灾增长类型与有关常数   表 3-1

释热速率	α（MW/s²）	可燃物类型
慢速	0.002931	密实木材，废纸篓
中速	0.01127	实木家具，塑料制品，化学纤维填充物
快速	0.04689	部分聚合物家具，木板垛
极快速	0.1878	大部分聚合物家具，塑料垛，薄板家具

通常火灾释热率增长到一定值 Q_p 后，会基本保持该值不变，直至可燃物燃尽，如

图 3-4所示。利用这一火灾燃烧模型,可近似估计火灾持续时间。

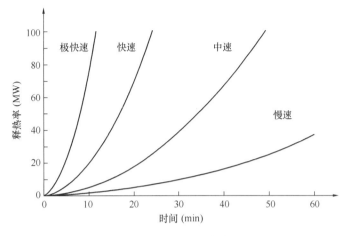

图 3-3 t^2 火灾释热率模型

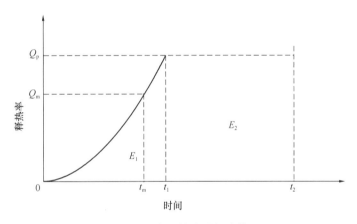

图 3-4 火灾持续时间计算

设可燃物的总热能值为 E（MW），

若 $E \leqslant E_1$，则

$$t_m = \left(\frac{3E}{\alpha}\right)^{\frac{1}{3}} \tag{3-5}$$

式中，t_1 为火灾释热率达到峰值 Q_p 所需时间，t_m 为火灾持续时间。

其中，

$$E_1 = \frac{t_1 Q_p}{3} \tag{3-6}$$

$$t_1 = \sqrt{\frac{Q_p}{\alpha}} \tag{3-7}$$

若 $E > E_1$，则

$$t_m = t_1 + \frac{E - E_1}{Q_p} \tag{3-8}$$

轰燃实际上是可燃混合物中火焰波的快速传播或是在这一有限空间的气相着火。一旦发生轰燃，室内所有的可燃物表面都开始剧烈地燃烧，此时，室内人员逃生和室内大火的扑救都比较困难，而且还会造成火灾向邻近房间蔓延。因此，研究轰燃产生的条件对防火和灭火具有重要的意义。有几个标准可预测轰燃的发生，其中最简单的标准是着火房间地面上的热辐射强度达到 $2W/cm^2$。

轰燃后火灾燃烧需要消耗大量氧气，如果发生火灾的房间（空间）较小，室内氧气会很快耗尽，要继续燃烧，需要从室外补充冷空气中的氧气（图 3-5），因此房间的开口通风情况会制约火灾燃烧释热速率，故可将轰燃后火灾的燃烧情况区分通风控制型火灾和燃烧控制型（非通风控制型）火灾。

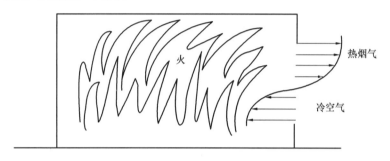

图 3-5 通风控制型火灾

通风控制型火灾的释热率取决于房间的通风开口尺寸，一般可偏于保守假定所有玻璃门窗在火灾中全破碎而可通风，如果火灾中玻璃门窗不破碎，则火灾释热率会减小，火灾的升温速率会降低。

如果房间的通风好，特别当燃料燃烧面仅限于房间的局部区域，则火灾的燃烧释热率取决于燃料燃烧面的面积。

一般情况下，高大空间火灾为燃料控制型火灾，而一般室内火灾为通风控制型火灾。

对于一般室内火灾，如果通风情况好，也可能为燃料控制型火灾，可通过以下方法进行判断：

当 $\dfrac{A_v \sqrt{H_v}}{A_f} \geqslant 0.07$ 时，为燃料控制型火灾；当 $\dfrac{A_v \sqrt{H_v}}{A_f} < 0.07$ 时，为通风控制型火灾，A_v 为通风口面积（m^2），H_v 为通风口的高度（m），A_f 为燃料表面积（m^2）。

2. 高大空间建筑火灾

高大空间建筑主要是指满足独立的建筑使用功能且空间较大的建筑，如礼堂、剧场、体育馆、高层建筑的中庭、大型超市、商场、仓储库等，其建筑平面尺度和空间高度都较大。根据各类建筑物的特点，高大空间建筑大体可分为以下三类：

(1) 占地面积很大，但并不很高的大面积型建筑。如大型商场、大型车间等。这类建筑的占地面积通常有几千乃至几万平方米，而高度一般在 6m 以下。

(2) 占地面积相当大，且具有一定高度的大体积型建筑。如会堂、展览馆、剧院、体育馆、候车厅和大型仓库等。其面积通常有几百至上千平方米，高度为 10～20m。

(3) 具有一定的占地面积，但却相当高的细高型建筑。如高层建筑的中庭，其面积为几十至几百平方米，高度则有几十米。

高大空间建筑为人们的生产与生活提供了合适的建筑空间，可以保证很多公共活动不受自然界的影响，是一种重要的建筑类型。然而，火灾统计表明，近年来我国的许多重大、特大火灾均与某种形式的高大空间建筑有关。

由于建筑的使用功能要求，无法在大空间内设置防火防烟分区。高大空间建筑总建筑面积上的火灾荷载较大，并且，火羽流在没有任何阻碍的情况下可卷吸到足够的环境气体，故高大空间建筑火灾的危害性较普通建筑火灾有着明显的差别，主要表现在以下几个方面：

（1）不易进行防火分隔

在建筑物内设置防火防烟分区是控制可燃物数量和烟气蔓延的主要方法，但是在高大空间建筑内无法有效地采取防火隔烟措施，火灾一旦发生就迅速蔓延到整个建筑空间，火势凶猛，难以进行有效的扑救。

（2）普通火灾探测技术无法及时发现火灾

目前在普通建筑中广泛使用的火灾探测器大多是以烟气浓度或温度为信号进行探测的，且大多为顶棚安装式。普通建筑的楼层高度多数在6m以下，火灾烟气能够很快到达顶棚，因此这类探测器是适用的。然而在高大空间建筑中就不同了，由于受到空气的稀释，火灾烟气到达十几米或几十米的高度时，其温度和浓度都大大降低，不足以启动火灾探测器。即使启动，下面的火势也早已发展到相当大的规模，延误了早期灭火的有利时机。另外，由于建筑物内部热风压的影响，空间上部常会形成一定厚度的热空气层，它足以阻止火灾烟气上升到顶棚，从而影响火灾探测器的工作。

（3）常用的喷水灭火装置不能有效发挥作用

在普通建筑中，洒水喷头通常是按一定间距沿顶棚分布安装的。当顶棚附近的气相温度达到喷头的启动温度后，洒水喷头便开始洒水。与火灾探测问题相似，在20m以上的高大空间建筑物内，这种依靠温度变化而启动的喷头及其顶棚安装方式也不适用。另一方面，普通喷头喷出的水滴从十几乃至几十米的高度落下来，往往到达不了燃烧物表面，失去有效的灭火作用。

（4）人员的安全疏散相当困难

许多公用高大空间建筑是人员高度集中的场所，常常有成千上万的人，而且这些人来到这里通常没有组织（例如剧场、体育馆等）。一旦发生火灾，在较短的时间内将人们迅速疏散到外界是一个极为困难的问题。因此必须认真研究制定在火灾对人构成危害之前的有限时间内，把人员全部疏散的有效方案。

（5）建筑结构破坏后果严重

建筑结构是建筑的骨骼，火灾如果引起结构的破坏则很可能导致高大空间建筑倒塌，这将对建筑内人员、财产造成毁灭性危害。

与一般室内火灾相比，高大空间建筑火灾的最大特点是：由于建筑空间足够大，高大空间建筑火灾不会像一般室内火灾那样产生室内所有可燃物同时燃烧的轰燃现象，火灾（火源）将集中在一定的区域（图3-6），空气升温也不会像一般室内火灾那样快。

影响高大空间建筑火灾空气升温的主要因素有：火源释热率（功率）最大值、建筑面积、建筑高度和距火源的距离。

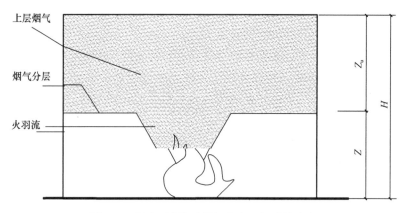

图 3-6 采用区域模型模拟高大空间建筑火灾

3.3 空气升温的模拟

3.3.1 一般室内火灾的模拟

对于一般室内火灾，轰燃发生以前，火灾还仅限于建筑室内的局部区域，室内空气温度较低，在这个阶段，火灾对生命、财产不会造成很大的损失。火灾的破坏性主要出现在轰燃发生以后，此时室内的所有可燃物表面都开始剧烈燃烧，室内空气分布比较均匀，可假设室内空气温度均匀分布。通过对火灾的统计资料和试验所得的数据进行统计分析，可归纳总结出室内火灾的空气升温过程模型，这种经验模拟结果对工程设计人员来说，应用起来非常方便。下面简要介绍几种通过经验模拟得出的室内火灾空气升温计算公式。

（1）马-吴-欧模型

马忠诚、吴波和欧进萍提出了一种室内火灾全盛期升温过程的计算模型，其室内温度的计算公式如下

$$\frac{T_g - T_g(0)}{T_{gm} - T_g(0)} = \left[\frac{t}{t_m}\exp\left(1 - \frac{t}{t_m}\right)\right]^b \tag{3-9}$$

式中，T_g 为时间 t 的室内空气平均温度（℃）；$T_g(0)$ 为火灾发生前的室内平均空气温度（℃）；T_{gm} 为火灾过程中的最大室内平均空气温度（℃）；b 为参数，当 $t \leqslant t_m$ 时，取 $b=0.8$，当 $t > t_m$ 时，取 $b=1.6$；t 为时间（min）；t_m 为室内平均空气温度达到最大值的时间（min）。

室内平均空气温度的最大值 T_{gm} 及时间 t_m 的确定与室内火灾的类型有关。对于通风控制型火灾

$$T_{gm} = 1240 - 13.37/\eta \tag{3-10}$$

$$t_m = \frac{0.11025 G_0}{A_v \sqrt{H_v}} \tag{3-11}$$

$$\eta = \frac{A_v \sqrt{H_v}}{A_t} \tag{3-12}$$

式中，η 为开口因子（$m^{-1/2}$）；A_t 为火灾房间壁面（墙、顶棚和楼板，不包括开口）的面

积之和（m²）；A_v 为房间开口面积（m²）；H_v 为开口高度（m）；G_0 为室内可燃物折合成标准木材的总质量（kg）。

对燃料控制型火灾

$$\frac{T_{gm}}{T_{gmcr}} = \left(\frac{\eta_{cr}}{\eta}\right)^{1/2} \tag{3-13}$$

$$t_m = 1.5876 \frac{G_0}{A_f} \tag{3-14}$$

$$\eta_{cr} = 0.0697 \frac{A_f}{A_t} \tag{3-15}$$

$$T_{gmcr} = 1240 - 13.37/\eta_{cr} \tag{3-16}$$

式中，A_f 为燃料表面积（m²）。

该模型形式简单，使用时基本上不需要计算机，而且概念明确，反映了各主要因素对室内空气升温的影响，通过与试验所得的升温曲线对比，验证其具有较好的精度，适合工程设计人员应用。

(2) ASCE 模型

美国土木工程师协会（ASCE）编制的结构防火手册介绍了一种经验模拟方法，该方法通过对大量的试验数据进行统计分析，并利用热力学理论方法结合参数分析，提出了另一个确定建筑室内火灾空气升温过程的经验公式。

升温段

$$T_g = 250(10\eta)^{0.1/\eta^{0.3}} \exp(-\eta^{t/30})\{3[1-\exp(-0.01t)] - [1-\exp(-0.05t)] + 4[1-\exp(-0.2t)]\} + C\left(\frac{600}{\eta}\right)^{0.5} \quad (t \leqslant z) \tag{3-17}$$

降温段

$$T_g = -600\left(\frac{t}{\tau} - 1\right) + T_\tau \quad (t > z) \tag{3-18}$$

$$T_g = 20℃，当 T_g < 20℃ 时 \tag{3-19}$$

式中，C 为反映火灾房间壁面特性影响的系数。当壁面材料密度 $\rho \geqslant 1600 \text{kg/m}^3$ 时，取 0.0；当壁面材料密度 $\rho < 1600 \text{kg/m}^3$ 时，取 1.0；τ 为火灾房间平均空气温度达到最大值的时间（min），由下式确定

$$\tau = 0.18182 \frac{G_0}{A_v\sqrt{H_v}} \tag{3-20}$$

式中，T_τ 为对应时间 τ 处按式（3-17）求得的最大温度值（℃）。

在计算升温段的温度时，当 $t > \frac{0.48}{\eta} + 60$ 时，取 $t = \frac{0.48}{\eta} + 60$；当 $\eta > 0.15$ 时，取 $\eta = 0.15$。

ASCE 模型主要考虑通风控制型火灾情况，与马-吴-欧模型相比较，ASCE 提出的模型考虑了房间壁面对室内火灾空气升温过程的影响。另外，后者模型中达到最大平均空气温度的时间比前者长。有文献利用后者计算所得空气温度与采用热平衡理论分析得出的结果符合较好，表明该经验公式也能较好地反映室内火灾的升温过程。

(3) 欧洲规范模型

欧洲规范也给出了一个建筑室内火灾升温经验公式，如下。

升温段（$t^* \leqslant t_h^*$）
$$T_g = 1325[1 - 0.324\exp(-12t^*) - 0.204\exp(-102t^*) - 0.472\exp(-1140t^*)]$$
(3-21)

降温段（$t^* > t_h^*$）
$$T_g = T_{gm} - 10.417(t^* - t_h^*), \quad t_h^* \leqslant 30 \tag{3-22}$$
$$T_g = T_{gm} - 4.167(3 - t_h^*/60)(t^* - t_h^*), \quad 30 < t_h^* \leqslant 120 \tag{3-23}$$
$$T_g = T_{gm} - 4.167(t^* - t_h^*), \quad t_h^* \geqslant 120 \tag{3-24}$$
$$t^* = \Gamma t \tag{3-25}$$
$$\Gamma = \frac{(\eta/\sqrt{\lambda\rho c})^2}{(0.04/1160)^2} \tag{3-26}$$

式中，$\sqrt{\lambda\rho c}$ 为火灾房间壁面的热惰性，当房间壁面由不同材料组成时，按面积取加权平均值；t_h^* 为升温段持续时间（min），当 $0.02 \leqslant \eta \leqslant 0.2$，$1000 \leqslant \sqrt{\lambda\rho c} \leqslant 2000$，且 $50 \leqslant \frac{A_{fl}}{A_t} \times q \leqslant 1000$ 时，可按式 3-27 计算。

$$t_h^* = 7.8 \times 10^{-3} \times \left(\frac{A_{fl}}{A_t} \times q\right) \Gamma/\eta \tag{3-27}$$

欧洲规范所采用的经验公式的降温段实际上与 ISO834 标准升温曲线的降温段相似。式（3-22）～式（3-24）的适用条件为 $0.02 \leqslant \eta \leqslant 0.2$ 且 $1000 \leqslant \sqrt{\lambda\rho c} \leqslant 2000$。

(4) 瑞典模型

瑞典学者提出了一组描述一般室内火灾真实升温曲线，如图 3-7 所示。这组曲线与房间开口因子 η 及火灾荷载有关，常称为"瑞典曲线"。

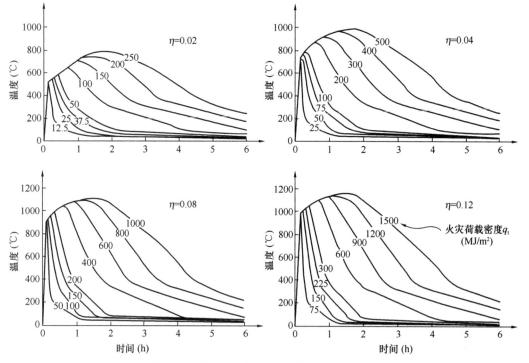

图 3-7 不同通风因子与火灾荷载的升温曲线

图 3-8 为在一定的火灾荷载密度条件下，不同的通风因子对一般建筑室内火灾升温过程的影响。

(5) 几种经验模型的比较

图 3-9 给出了在相同的有关参数条件下，上述四种经验模型的对比。从图 3-9 可以看出，不同模型之间存在一定的差异，但总体差异不大，使用者可自行选择。

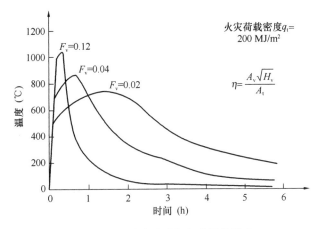

图 3-8 通风因子对火灾升温的影响

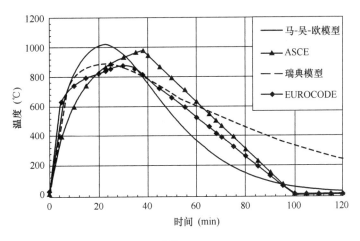

$\eta = 0.06 \mathrm{m}^{1/2}$；$\sqrt{\lambda \rho c} = 1500$；$A_{fl} = 16 \mathrm{m}^2$；
$A_t = 64 \mathrm{m}^2$；$q' = 50 \mathrm{kg/m}^2$；壁面材料密度为 $2000 \mathrm{kg/m}^3$

图 3-9 四种经验升温模型的比较

3.3.2 标准升温曲线

构件的抗火性能在早期一般通过抗火试验来确定。为了对试验所测得的构件抗火性能能够相互比较，试验必须在相同的升温条件下进行，许多国家和组织都制订了标准的室内火灾升温曲线，供抗火试验和抗火设计使用。我国采用得最多是国际标准组织制订的 ISO834 标准升温曲线，其表达式如下

升温段（$t \leqslant t_h$）

$$T_g - T_g(0) = 345 \log_{10}(8t+1) \tag{3-28}$$

降温段（$t > t_h$）

$$\frac{dT_g}{dt} = -10.417 ℃/min, \quad t_h \leqslant 30min \quad (3-29)$$

$$\frac{dT_g}{dt} = -4.167(3 - t_h/60)℃/min, \quad 30min < t_h \leqslant 120min \quad (3-30)$$

$$\frac{dT_g}{dt} = -4.167℃/min, \quad t_h \geqslant 120min \quad (3-31)$$

式中，t 为火灾发生后的时间（min）；t_h 为升温段持续时间（min），当 $0.02 \leqslant \eta \leqslant 0.2$，$1000 \leqslant \sqrt{\lambda\rho c} \leqslant 2000$ 且 $50 \leqslant \frac{A_{fl}}{A_t} \times q \leqslant 1000$ 时，可按式 3-32 计算。

$$t_h = 7.8 \times 10^{-3} \times \left(\frac{A_{fl}}{A_t} \times q\right)/\eta \quad (3-32)$$

美国和加拿大采用的为 ASTM-E119 标准升温曲线，可近似地用式 3-33 表示：

$$T_g - T_g(0) = 1166 - 532\exp(-0.01t) + 186\exp(-0.05t) - 820\exp(-0.2t) \quad (3-33)$$

ISO834 及 ASTM-E119 两种标准升温曲线的区别不仅在于它们在各时刻对应的温度不同，而且它们所规定的试验炉构造和温度的测量方法也不完全相同，比较这两种标准火灾的严重性时，不能简单地只对各自对应时刻的温度进行比较，研究发现，ASTM-E119 标准火比 ISO834 标准火稍微严重一点。

欧洲规范采用的建筑室内火灾标准升温曲线为 ISO834 标准升温曲线。然而欧洲规范对烃类可燃物火灾另建议了一条升温曲线。

$$T_g - T_g(0) = 1080\left[-0.325\exp\left(-\frac{t}{360}\right) - 0.675\exp\left(-\frac{t}{24}\right)\right] \quad (3-34)$$

图 3-10 为 ISO834、ASTM-E119 和烃类火灾升温曲线对比。从图 3-10 中可以看出，在受火初期阶段，烃类火灾升温速度较快，当升温时间达到 3h 后，三种升温曲线温度接近一致。

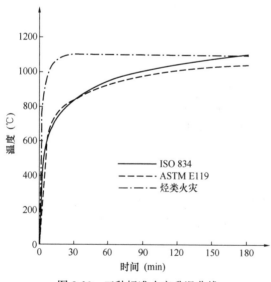

图 3-10 三种标准火灾升温曲线

采用标准升温曲线有助于结构抗火设计，但标准升温曲线有时与真实火灾下的升温曲线相差甚远，为更好地反映真实火灾对构件的破坏程度，而又保持标准升温曲线的实用性，于是就提出了等效曝火时间的概念，通过等效曝火时间将真实火灾与标准火联系起来。等效曝火时间的确定原则为，真实火灾对构件的破坏程度可等效成相同建筑在标准火作用"等效曝火时间"后对该构件的破坏程度。构件的破坏程度一般用构件在火灾下的温度来衡量。

最初，研究者从火灾传给构件的热量与火灾的温度和持续时间为出发点，认为当标准升温曲线与时间轴和时刻 t_e 所围成的曲线多边形的面积同真实火灾下的升温曲线与时间轴所围成的曲线多边形的面积相等时，时间 t_e 就是等效曝火时间（图 3-11）。该方法考虑了火灾持续时间的影响，但火灾时从空气传递到构件的热量是与空气和构件的温度差相关而不是与空气温度相关，因此该方法理论上是不准确的。但由于大部分时间内空气与构件温度差同空气的温度相差不大，因此温度-时间面积确实能在一定程度上反映火灾对构件危害性的大小。

有学者经过大量研究后发现，可以用作用在火灾房间壁面（楼板，顶板和墙壁）的"标准热荷载"来更精确地描述火灾的破坏作用。通过真实火灾与标准火作用于构件的"标准热荷载"相等来确定等效曝火时间（图 3-12）。

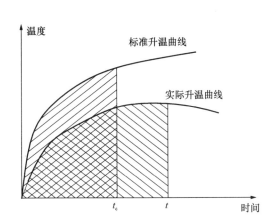

图 3-11 基于升温曲线面积相等原则的等效曝火时间

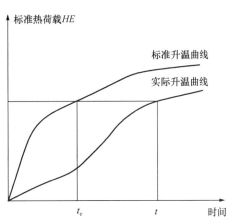

图 3-12 基于标准热荷载相等的等效曝火时间

标准热荷载的定义如下

$$HE = \frac{\int_0^\tau Q_w \mathrm{d}t}{\sqrt{\lambda \rho c}} \tag{3-35}$$

式中，HE 为标准热荷载（$s^{1/2} \cdot K$）；Q_w 为通过火灾房间壁面的热流率（W/m^2）；$\sqrt{\lambda \rho c}$ 为火灾房间面壁的热惰性，当房间面壁由不同材料组成时，按面积取加权平均值；λ 为导热系数 $[W/(m \cdot K)]$；ρ 为密度（kg/m^3）；c 为比热容 $[J/(kg \cdot K)]$。

标准热荷载可采用下式近似计算

$$HE = 10^6 \frac{(11.0\delta + 1.6)G_0}{A_t \sqrt{\lambda \rho c} + 935\sqrt{\Phi G_0}} \tag{3-36}$$

式中，Φ 为通风系数（kg/s）。

$$\Phi = \rho_a A_v \sqrt{H_v g} \tag{3-37}$$

式中，ρ_a 为周围环境空气密度（kg/m^3）；g 为重力加速度常数，取 $9.8 m/s^2$。

$$\delta = \begin{cases} 0.79\sqrt{H^3/\Phi}, \\ 1.0 \end{cases} \text{取较小值} \tag{3-38}$$

式中，H 为着火房间高度（m）。

基于以上公式，国际建筑研究与文献委员会（CIB）给出了将真实火灾等效成 ISO 834 标准火时的等效曝火时间计算公式

$$t_e = c_b q w_f \tag{3-39}$$

式中，q 为火灾荷载密度（MJ/m^2）；w_f 为通风修正系数。

对于 $A_{fl} < 100 m^2$ 且顶棚没有通风口的房间

$$w_f = A_{fl} \sqrt{\frac{1}{A_{to} A_v \sqrt{H_v}}} \tag{3-40}$$

对于其他类型房间（适用于 $0.025 \leqslant A_{wv}/A_{fl} \leqslant 0.25$）

$$w_f = (6.0/H)^{0.3} [0.62 + 90(0.4 - A_{vv}/A_{fl})^4/(1 + b_v A_{vh}/A_{fl})]$$
$$w_f = 0.5 \quad \text{取较大值} \tag{3-41}$$

式中，A_{vv} 为垂直通风口面积（墙面上）（m^2）；A_{vh} 为水平通风口面积（室内顶棚上）（m^2）；H 为着火房间高度（m）；

$$b_v = 12.5[1 + 10 A_{wv}/A_{fl} - (A_{wv}/A_{fl})^2]$$
$$b_v = 10.0 \quad \text{取较大值} \tag{3-42}$$

式中，A_{fl} 为火灾房间楼板面积（m^2）；A_{to} 为火灾房间内表面积（包括开口）（m^2）；c_b 为转换系数，与壁面热惰性有关，按表 3-2 取值，当房间壁面系数不能确定时，取 $c_b = 0.07 \text{min} \cdot m^2/MJ$。

3.3.3 高大空间火灾的模拟

当能准确确定建筑的火灾荷载、可燃物类型及其分布、几何特征等参数时，大空间火灾升温曲线可按有可靠依据的火灾模型确定。

高大空间火灾着火空间的环境温度不一定很高，但是火灾区域及邻近的构件，还应考虑可能被火焰吞没、火焰辐射对其升温的影响。

转换系数 c_b 表 3-2

$\sqrt{\lambda \rho c}$	c_b（min·m^2/MJ）
$\sqrt{\lambda \rho c} < 720$	0.07
$720 \leqslant \sqrt{\lambda \rho c} < 2520$	0.055
$\sqrt{\lambda \rho c} \geqslant 2520$	0.04

标准热荷载原则用于无保护层钢构件时，误差较大，不宜采用。

高大空间建筑火灾模拟可采取区域模拟。区域模拟的基本思想是近似认为室内分为上部热烟气层和下部冷空气层，每一层气体的性质在空间上均匀一致。通过对不同空间尺寸、不同火源功率火灾情况的计算，可对原有基于区域模型的高大空间建筑火灾上层烟气的温度结果进行修正。通过修正，区域模型也可较好地用于估计高大空间建筑火灾烟气温度。此外，高大空间火灾模拟还可以采用场模拟。通过模拟发现，火源功率越大，高大空间建筑火灾空气升温的最大值越大；建筑面积越大，高大空间建筑火灾空气升温的最大值越小；但当建筑面积超过一定数值后，空气升温的最大值不再随建筑面积增大而减小；建筑高度越高，高大空间建筑火灾空气升温的最大值越小；高大空间建筑中与火源的距离越大，该处空气升温的最大值越小。

习 题

3-1 什么是火灾荷载密度？如何确定房间的火灾荷载密度？

3-2 建筑火灾分为哪两种类型？各有什么特点？

3-3 如何根据释热率模型估计火灾的持续时间？

3-4 什么是通风控制型火灾和燃料控制型火灾？如何判断一个室内火灾是哪种类型？

3-5 常用的一般建筑室内火灾的升温模型有哪些？各有什么特点？

3-6 什么是等效曝火时间？如何确定一个构件在火灾中的等效曝火时间？

3-7 高大空间火灾的升温特点有哪些？

3-8 某宾馆客房，进深 5m，宽 4m，高 2.8m。窗户宽 2m，高 1m，距离地面 0.9m。门宽 1m，高 2m。其容纳的可燃物及其燃烧热值如表 3-3 所示，试求该客房的火灾荷载密度，并求发生火灾的持续时间。

3-9 一个桌子，质量为 20kg，燃烧值为 18MJ/kg，火灾类型为快速增长型，当桌子完全燃烧时，最大热释放速率为 3MW，计算其热释放速率随时间变化的关系。

室内可燃物材料 表 3-3

品名	材料	可燃物质量 M_v（kg）	燃烧热值 Q_v（MJ/kg）
双人床	木材	113.40	18.837
	泡沫塑料	50.04	43.534
	纤维	27.90	20.930
写字台	木材	13.62	18.837
大沙发	木材	28.98	18.837
	泡沫塑料	32.40	43.534
	纤维	18.00	20.930
茶几	木材	7.62	18.837
壁纸	纸，厚度 0.5mm	17.38	16.744
涂料	油漆，厚度 0.3mm	15.64	16.744

第4章 火灾下结构构件升温

4.1 传热方式

火灾下,热空气向构件传热以辐射、对流为主,而作为固体的构件内部传热方式为热传导。

4.1.1 热传导

一般情况,沿着钢构件长度方向的热传导可忽略不计,这样构件中的热传导是一个二维传热问题。求解该问题的目的是得到火灾下钢构件截面上的温度分布。根据傅里叶导热定律及热平衡原理(图4-1)可得钢构件截面导热微分方程为

$$\rho c \frac{\partial T}{\partial t} = \frac{\partial}{\partial x}\left(\lambda \frac{\partial T}{\partial x}\right) + \frac{\partial}{\partial y}\left(\lambda \frac{\partial T}{\partial y}\right) \tag{4-1}$$

式中,ρ 为介质密度(kg/m³);c 为介质比热容[J/(℃·kg)];T 为点 (x, y) 处在时刻 t 的温度(℃);λ 为介质导热系数[W/(m·℃)];x,y 为坐标(m);t 为时间(s)。

求解式(4-1)还需要边界条件,钢构件的升温边界条件实际是热空气对钢构件的热传递,空气温度在火灾过程中是已知的。在传热学上,这种边界条件属于第三类边界条件。

4.1.2 热对流

空气与构件间的热传递包括两部分:热辐射和热对流(图4-2)。

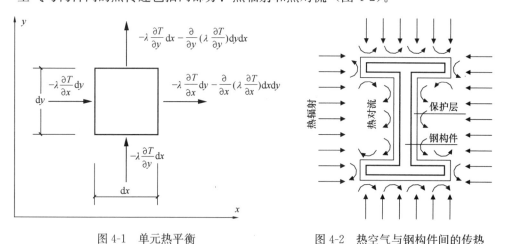

图4-1 单元热平衡   图4-2 热空气与钢构件间的传热

以对流方式从空气向构件传递的热量为

$$q_c = \alpha_c(T_g - T_b) \tag{4-2}$$

式中,α_c 为对流传热系数,对于纤维类燃烧火灾,可取 $\alpha_c = 25\text{W}/(\text{m}^2 \cdot ℃)$,对于烃类燃烧

火灾，可取 $\alpha_c = 50\ W/(m^2 \cdot ℃)$；$q_c$ 为单位时间向构件单位表面积上传递的热量（W/m^2）。

4.1.3 热辐射

以热辐射方式从空气向构件传递的热量为

$$q_r = \phi \varepsilon_r \sigma [(T_g + 273)^4 - (T_b + 273)^4] \tag{4-3}$$

式中，ε_r 为综合辐射系数，$\varepsilon_r = \varepsilon_f \varepsilon_m$；$\varepsilon_f$ 为与着火房间有关的辐射系数，一般取 0.8，ε_m 为与构件表面特性有关的辐射系数，一般取 0.625；T_g 为空气温度（℃）；T_b 为构件表面温度（或保护层表面温度）（℃）；q_r 为单位时间内向构件单位表面积上传递的热量（W/m^2）；ϕ 为形状系数，一般取 1.0；σ 为 Stefan-Boltzmann 常数，$\sigma = 5.67 \times 10^{-8}\ W/(m^2 \cdot K^4)$。

4.2 混凝土构件温度计算

4.2.1 计算方法

梁、柱等构件的温度场可简化为横截面上的二维温度场，墙、板等平面构件的温度场可简化为沿厚度方向的一维温度场。建筑钢筋混凝土构件的温度场计算宜采用热传导方程结合相应的初始条件和边界条件进行。由于钢筋的面积与混凝土相比较小，忽略钢筋的含量对混凝土的影响，钢筋的温度可取钢筋形心位置处混凝土的温度。

4.2.2 标准火灾升温下构件截面温度场

在标准火灾作用下，矩形截面普通混凝土板、墙、梁、柱构件的截面温度，可根据不同受火边界形成的一维、二维传热计算分区（图 4-3）确定。

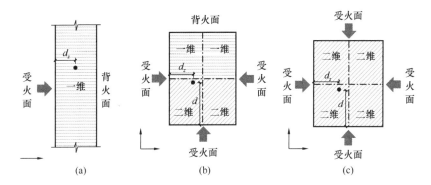

图 4-3 截面传热计算分区图
(a) 板、墙（单面受火）；(b) 梁（三面受火）；(c) 柱（四面受火）

一维传热计算分区的内部任意位置温度可由式（4-4）确定：

$$T = \eta'_z T_F \tag{4-4}$$

$$\eta'_z = -\frac{1.020}{1 + \exp[(\eta_z - 0.444)/0.195]} + 0.971 \tag{4-5}$$

$$\eta_z = 0.151\ln\left(\frac{t}{60 d_z^{1.5}}\right) - 0.730\sqrt{d_z} - 0.212 \tag{4-6}$$

$$T_F = 1185[1 - 0.443\exp(-0.007t) - 0.564\exp(-0.050t)] + T_0 \tag{4-7}$$

式中，T 为计算位置处温度（℃），当 $T < T_0$ 时，取 $T = T_0$；T_F 为受火的混凝土表面温度（℃）；η'_z 为修正后的沿 z 轴方向的一维热量传递系数，当 $\eta_z \leq 0$ 时，取 $\eta'_z = 0$，η_z 为沿 z

轴方向的一维热量传递系数；t 为受火时间（min）；d_z 为沿 z 轴方向计算位置至最近受火表面的距离（m）；T_0 为环境初始温度（℃）。

二维传热计算分区的内部任意位置温度可由式（4-8）确定：

$$T = \eta_{yz} T_F \tag{4-8}$$

$$\eta_{yz} = -0.945(\eta'_y \eta'_z) + 1.020(\eta'_y + \eta'_z) - 0.0256 \tag{4-9}$$

$$\eta'_y = -\frac{1.020}{1 + \exp[(\eta_y - 0.444)/0.195]} + 0.971 \tag{4-10}$$

$$\eta_y = 0.151\ln\left(\frac{t}{60 d_y^{1.5}}\right) - 0.730\sqrt{d_y} - 0.212 \tag{4-11}$$

式中，η_{yz} 为二维综合热量传递系数；η'_y 为修正后的沿 y 轴方向的一维热量传递系数，当 $\eta_y \leqslant 0$ 时，取 $\eta'_y = 0$，η_y 为沿 y 轴方向的一维热量传递系数；d_y 为沿 y 轴方向计算位置至最近受火表面的距离（m）。

当建筑钢筋混凝土构件表面设置不燃性饰面层时，构件的温度场宜将该饰面层的厚度折算成混凝土的厚度后，再按上述方法计算确定。该饰面层的折算厚度宜按式（4-12）计算：

$$d_0 = d_1 \times \sqrt{\frac{7.365 \times 10^{-7}}{\lambda_1/(\rho_1 c_1)}} \tag{4-12}$$

式中，d_0 为不燃性饰面层的折算厚度（mm）；d_1 为不燃性饰面层的实际厚度（mm）；ρ_1 为不燃性饰面层的密度（kg/m³）。对于常用不燃性饰面层，可按现行国家标准《民用建筑热工设计规范》GB 50176—2016 确定；c_1 为不燃性饰面层的比热容[kJ/(kg·℃)]，对于常用不燃性饰面层，可按现行国家标准《民用建筑热工设计规范》GB 50176—2016 确定；λ_1 为不燃性饰面层的导热系数[W/(m·℃)]。对于常用不燃性饰面层，可按现行国家标准《民用建筑热工设计规范》GB 50176—2016 确定。

4.3 钢构件温度计算

4.3.1 钢构件的升温计算类型

根据钢构件本身的截面特性，可将其分为轻型钢构件和重型钢构件。因为钢是一种导热性非常好的材料，轻型钢构件可假定其截面温度均匀分布（截面上各点温度相同），而重型钢构件因为其截面厚重，截面上各点温度不完全相同。据此可分为截面温度均匀分布钢构件和截面温度非均匀分布钢构件。一般根据单位长度构件表面积与体积之比 F/V 来划分钢构件是轻型钢构件还是重型钢构件。但这也不是绝对的，有的构件截面 F/V 虽然很大，但其截面受热不均匀（如钢梁上翼缘与混合楼板组合在一起），其截面温度非均匀分布，仍需将其按重型钢构件分析。

在实际工程中，有的钢构件表面没有隔热保护层，而大部分钢构件都有隔热保护层，因此我们又可将钢构件分为有保护层钢构件和无保护层钢构件。钢构件的保护层种类和施工方法很多，特性不同，有些保护层质量很轻，相对钢构件来说，其自身吸收的热量可忽略，称之为轻质保护层。另外，有些保护层自身所吸收的热量必须加以考虑，这种保护层称之为非轻质保护层。根据钢构件保护层的不同，其传热方式和温度分布可简化成不同的形式（图4-4），对应有不同的实用方法来计算其在火灾下的温度分布。

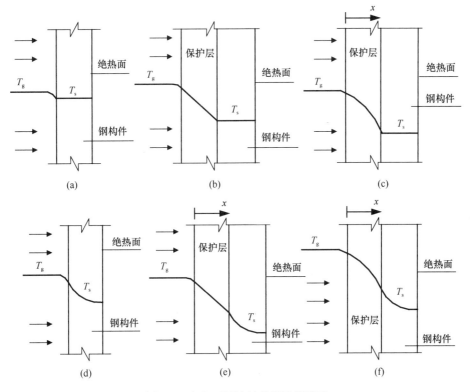

图 4-4 火灾下钢构件升温计算模型

(a) 无保护层，截面温度均匀分布；(b) 有轻质保护层，截面温度均匀分布；(c) 有非轻质保护层，截面温度均匀分布；
(d) 无保护层，截面温度非均匀分布；(e) 有轻质保护层，截面温度非均匀分布；
(f) 有非轻质保护层，截面温度非均匀分布

4.3.2 温度均匀分布的钢构件温度计算

1. 无保护层

根据热平衡原理，用集总热容法建立热平衡方程：

$$q = \rho_s c_s V \frac{dT_s}{dt} \tag{4-13}$$

式中，T_s 为钢构件温度（℃）；c_s 为钢的比热容 [J/(kg·℃)]；q 为单位时间内外界传入单位长度构件内的热量（W/m）；V 为单位长度构件的体积（m³）；t 为时间（s）；ρ_s 为钢的密度（kg/m³）。

由 4.1 节可知

$$q = q_r + q_c \tag{4-14}$$

此时构件表面温度即为构件温度。将 q_r 表达成

$$q_r = \alpha_r F(T_g - T_s) \tag{4-15}$$

式中，α_r 为以辐射方式由空气向构件表面传热的传热系数 [W/(m²·℃)]；F 为单位长度构件的受火表面积（m²）。

由式（4-3），取 $\phi = 1.0$，有：

$$\alpha_r = \frac{\varepsilon_r \times 5.67 \times 10^{-8}}{T_g - T_s} \times [(T_g + 273)^4 - (T_s + 273)^4] \tag{4-16}$$

再由式（4-2）有：

$$q_c = \alpha_c F(T_g - T_s) \tag{4-17}$$

将式（4-15）、式（4-17），代入式（4-14），进而代入式（4-13）得：

$$K(T_g - T_s) = \frac{\rho_s c_s V}{F} \cdot \frac{dT_s}{dt} \tag{4-18}$$

式中，K 为综合传热系数 $[W/(m^2 \cdot ℃)]$，$K = \alpha_r + \alpha_c$。

当 T_g 已知时，由式（4-18）即可求得构件的温度-时间关系（升温过程）。由于 T_g 表达式一般都很复杂，K 与 T_g、T_s 有关，求式（4-18）的解析解很困难，通常以差分代微分的方法，用增量法来求得式（4-18）的数值解。式（4-18）的增量形式如下

$$\Delta T_s = K \cdot \frac{1}{\rho_s c_s} \cdot \frac{F}{V}(T_g - T_s) \cdot \Delta t \tag{4-19}$$

式中，时间步长 Δt 取值一般不应大于 5s。

式（4-18）和式（4-19）中的 F/V 与构件的截面形状有关，称 F/V 为构件的截面形状系数。表 4-1 为无保护层构件的截面形状系数。附录 1 给出了一些无保护层的钢构件在 ISO834 标准升温条件下的温度。图 4-5 给出了标准升温条件下无保护层钢构件的升温曲线，从图中可以看出，在受火初期阶段，无防火保护的构件的升温速率很大，随着截面形状系数的降低，升温速率明显下降。

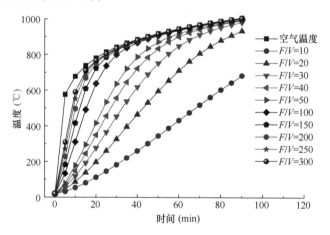

图 4-5 标准升温条件下无保护层钢构件的升温曲线

无保护层构件的截面形状系数 表 4-1

截面形状	形状系数 F/V	截面形状	形状系数 F/V
H形	$\dfrac{2h+4b-2t}{A}$	矩形管	$\dfrac{a+b}{t(a+b-2t)}$
槽形	$\dfrac{2h+4b-2t}{A}$	圆管	$\dfrac{d}{t(d-t)}$

续表

截面形状	形状系数 F/V	截面形状	形状系数 F/V
矩形 $b \times a$	$\dfrac{2(a+b)}{ab}$	工字形	$\dfrac{2h+3b-2t}{A}$
圆形 d	$\dfrac{4}{d}$	槽形	$\dfrac{2h+3b-2t}{A}$

注：A 为构件截面积。

2. 有轻质保护层

当构件保护层的质量较轻时，在升温过程中，其本身吸收的热量相对于钢构件吸收的热量来说很小，忽略保护层吸收的热量对钢构件的升温计算没有多大的影响。通常，当保护层满足下式给出的条件时，即可认为是轻质保护层。

$$c_s \rho_s V \geqslant 2 c_i \rho_i d_i F_i \tag{4-20}$$

式中，c_i 为保护层的比热容 [J/(kg·℃)]；ρ_i 为保护层的密度（kg/m³）；F_i 为单位构件长度上保护层的内表面积（m²）；d_i 为保护层的厚度（m）。

由式（4-2）、式（4-3）知，空气通过热辐射和热对流向单位长度构件保护层表面传递的热量为

$$q = (\alpha_r + \alpha_c) F'_i (T_g - T_b) \tag{4-21}$$

式中，T_b 为构件保护层表面温度（℃）；F'_i 为单位长度构件保护层外表面积（m²）。

根据傅立叶导热定律，构件保护层表面向构件表面传递的热量为

$$q = \frac{\lambda_i}{d_i} F_i (T_g - T_s) \tag{4-22}$$

式中，λ_i 为保护层的导热系数 [W/(m·℃)]。表 4-2 给出了一些主要防火保护材料的导热系数、密度及比热容。

各种防火保护材料的热物理特性　　　　表 4-2

材料	密度 ρ_i (kg/m³)	导热系数 λ_i [W/(m·℃)]	比热容 c_i [kJ/(kg·℃)]
薄涂型钢结构防火涂料	600~1000	—	—
厚涂型钢结构防火涂料	250~500	0.09~0.12	—
石膏板	800	0.20	1.7
硅酸钙板	500~1000	0.10~0.25	—
矿（岩）棉板	80~250	0.10~0.20	—
黏土砖、灰砂砖	1000~2000	0.40~1.20	1.0
加气混凝土	400~800	0.20~0.40	1.0~1.20
轻骨料混凝土	800~1800	0.30~0.90	1.0~1.20
普通混凝土	2200~2400	1.30~1.70	1.20

由式（4-21）和式（4-22）可得

$$q = KF_i(T_g - T_s) \tag{4-23}$$

式中，K 为综合传热系数 [W/(m²·℃)]，此时

$$K = \frac{1}{\frac{1}{\alpha_r + \alpha_c} + \frac{d_i}{\lambda_i} \cdot \frac{F_i'}{F_i}} \approx \frac{1}{\frac{1}{\alpha_r + \alpha_c} + \frac{d_i}{\lambda_i}} \tag{4-24}$$

一般 $(\alpha_r + \alpha_c)$ 远远大于 λ_i/d_i，则近似有

$$K = \frac{\lambda_i}{d_i} \tag{4-25}$$

构件仍满足式（4-4）表达的热平衡方程，则将式（4-23）代入式（4-4）得

$$\frac{dT_s}{dt} = \frac{\lambda_i/d_i}{\rho_s c_s} \cdot \frac{F_i}{V} \cdot (T_g - T_s) \tag{4-26}$$

式（4-26）的解析解为

$$T_s(t) = \int_0^t T_g(t)\exp[-A(t-\tau)]d\tau + T_g(0)\exp(-At) \tag{4-27}$$

式中，$T_g(0)$ 为火灾初始时刻的空气温度（℃）。

$$A = \frac{F_i}{\rho_s c_s V} \cdot \frac{\lambda_i}{d_i} = \frac{F_i}{Q_s R} \tag{4-28}$$

式中，Q_s 为单位长度钢构件的比热容[J/(℃·m)]；R 为保护层热阻[m²/(W·℃)]。

$$Q_s = c_s \rho_s V \tag{4-29}$$

$$R = \frac{d_i}{\lambda_i} \tag{4-30}$$

式（4-26）也可采用增量形式求解

$$\Delta T_s = \frac{\lambda_i/d_i}{\rho_s \cdot c_s} \cdot \frac{F_i}{V} \cdot (T_g - T_s) \cdot \Delta t \tag{4-31}$$

式中，时间步长 Δt 的取值一般不应大于 30s。

截面形状系数 F_i/V 与构件截面形状和保护层有关。表 4-3 为有保护层构件的截面形状系数。附录 1 给出了一些有保护层的钢构件在 ISO834 标准升温条件下的温度。图 4-6 为标准升温条件下有轻质保护层钢构件的升温曲线，从图 4-6 中可以看出，设置了防火保护之后，构件的升温速率大大降低，且温度与受火时间近似线性关系。

为便于工程应用，在常用的范围内（$T_s \leq 600℃$）通过曲线拟合，得出如下标准升温条件下的钢构件升温计算公式

$$T_s = (\sqrt{0.044 + 5 \times 10^{-5}B} - 0.2)t + T_g(0) \qquad T_s \leq 600℃ \tag{4-32}$$

式中，B 为截面保护层参数，$B = \frac{\lambda_i}{d_i} \cdot \frac{F_i}{V}$。

图 4-7 为拟合公式和计算得出的有轻质保护层钢构件的升温曲线对比，从图 4-7 中可以看出，拟合公式的精度很高，与计算结果近似重合。

当保护层材料为薄涂型材料（膨胀性发泡材料）时，由于保护层在达到一定温度时，保护层自身膨胀发泡，厚度增加，热力学参数也发生改变，因此只需将式（4-26）、式（4-30）中的 d_i、λ_i 在保护层膨胀后进行相应的调整即可。值得指出的是，由于薄涂型防火涂料的膨胀发泡性能受周围环境（如湿度等）影响较大，因此，对于采用薄涂型防火保护层的钢构

件的升温计算结果并不完全可靠。在工程应用中，一般应以试验结果为依据。

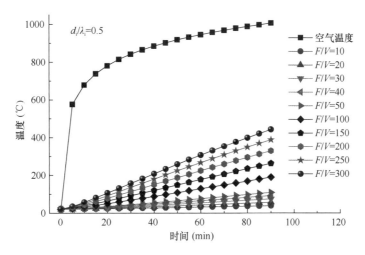

图 4-6 标准升温条件下有轻质保护层钢构件的升温曲线

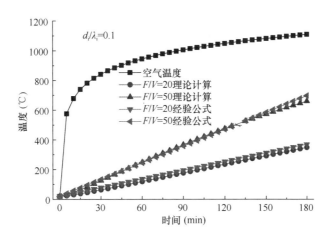

图 4-7 拟合公式和计算得出的有轻质保护层钢构件的升温曲线对比

有保护层构件的截面形状系数　　　　　　　　表 4-3

截面形状	形状系数 F_i/V	截面形状	形状系数 F_i/V
（工字形）	$\dfrac{2h+4b-2t}{A}$	（矩形管）	$\dfrac{2(h+b)}{A}$
（顶部贴墙工字形）	$\dfrac{2h+3b-2t}{A}$	（顶部贴墙U形）	$\dfrac{2h+b}{A}$

39

续表

截面形状	形状系数 F_i/V	截面形状	形状系数 F_i/V
(工字形,四面受火)	$\dfrac{2(h+b)}{A}$	(矩形管,四面受火)	$\dfrac{a+b}{t(a+b-2t)}$
(工字形,三面受火)	$\dfrac{2h+b}{A}$	(矩形管,三面受火)	$\dfrac{a+b/2}{t(a+b-2t)}$
(槽形,四面受火)	$\dfrac{2h+4b-2t}{A}$	(圆管,四面受火)	$\dfrac{d}{t\cdot(d-t)}$
(槽形,三面受火)	$\dfrac{2h+3b-2t}{A}$	(方管内圆管)	$\dfrac{d}{t\cdot(d-t)}$

注：A 为构件截面积。

3. 非轻质保护层

不满足式(4-20)的保护层称之为非轻质保护层。此时保护层在升温过程中所吸收的热量应加以考虑，其计算模型如图 4-4(c)所示。

欧洲钢结构协会(ECCS)推荐了增量形式的有非轻质保护层钢构件的温度计算公式：

$$\Delta T_s = \frac{\lambda_i/d_i}{c_s \rho_s} \cdot \frac{F_i}{V} \cdot \frac{1}{1+\mu/2} \cdot (T_g - T_s) \cdot \Delta t - \frac{\Delta T_g}{1+\dfrac{2}{\mu}} \tag{4-33}$$

式中，ΔT_g 为该时间步内空气温度的增加(℃)；

$$\mu = \frac{Q_i}{Q_s} = \frac{c_i \rho_i d_i F_i}{c_s \rho_s V} \tag{4-34}$$

而欧洲规范 EC3 给出的有保护层钢构件在火灾下的升温计算公式为：

$$\Delta T_s = \frac{\lambda_i/d_i}{c_s \rho_s} \cdot \frac{F_i}{V} \cdot \frac{1}{1+\mu/3} \cdot (T_g - T_s) \cdot \Delta t - \left[\exp\left(\frac{\mu}{10}\right) - 1\right] \cdot \Delta T_g \text{ 当 } \Delta T_s < 0, \text{取} \Delta T_s = 0 \tag{4-35}$$

对于 ISO834 标准升温条件，还可采用与有轻质保护层钢构件升温计算相似的方法来分析有非轻质保护层钢构件的升温，该方法将保护层热容的一半($0.5Q_i$)加到钢构件上，然后按有轻质保护层钢构件计算其升温。增量形式计算公式如下

$$\Delta T_{\mathrm{s}} = \frac{\lambda_{\mathrm{i}}/d_{\mathrm{i}}}{c_{\mathrm{s}} \cdot \rho_{\mathrm{s}}} \cdot \left(\frac{1}{1+\mu/2}\right) \cdot \frac{F_{\mathrm{i}}}{V} \cdot (T_{\mathrm{g}} - T_{\mathrm{s}}) \cdot \Delta t = \frac{\lambda_{\mathrm{i}}/d_{\mathrm{i}}}{c_{\mathrm{s}} \cdot \rho_{\mathrm{s}}} \cdot \left(\frac{F_{\mathrm{i}}}{V}\right)_{\mathrm{mod}} \cdot (T_{\mathrm{g}} - T_{\mathrm{s}}) \cdot \Delta t \tag{4-36}$$

式中，$\left(\dfrac{F_{\mathrm{i}}}{V}\right)_{\mathrm{mod}}$ 为修正后的截面形状系数。

$$\left(\frac{F_{\mathrm{i}}}{V}\right)_{\mathrm{mod}} = \frac{1}{1+\mu/2} \cdot \frac{F_{\mathrm{i}}}{V} \tag{4-37}$$

从式(4-37)可知，采用修正后的截面形状系数 $(F_{\mathrm{i}}/V)_{\mathrm{mod}}$，适用于有轻质保护层的钢构件 ISO834 标准升温条件下温度计算的表格(附表 1-1～附表 1-8)和式(4-32)，同样也适用有非轻质保护层钢构件在 ISO834 标准升温条件下的升温计算。作为对比，用以上各种方法计算出同一个有非轻质保护层的钢构件在 ISO834 标准升温条件下的升温过程如图 4-8 所示。从中可以看出，除按式(4-33)计算出的结果偏小，其他各方法计算所得结果相差不大。

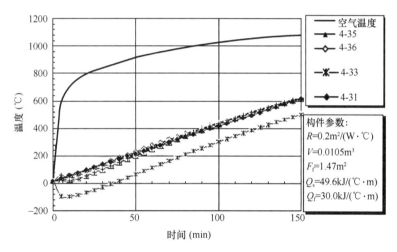

图 4-8 各种方法计算出的有非轻质保护层钢构件升温比较

4.3.3 温度不均匀分布的钢构件温度计算

对于重型钢结构构件(即所谓粗截面，一般指 $F/V < 10\mathrm{m}^{-1}$ 的截面)或构件不均匀受火作用时(如上翼缘直接支承混凝土楼板的钢梁)，构件截面的温度分布就可能很不均匀，图 4-9 是重型 H 型钢柱在 ISO834 标准升温条件下作用 30min 后的截面温度分布，其最冷区域与最热区域的温差达到 100℃，这种温差将对构件截面内的应力场产生很大的影响，因而也就影响到构件和整个结构在火灾下的反应。

对于这类构件在火灾下的升温，需作为二维传热问题来分析。其导热方程为式(4-1)。一般情况，求式(4-1)的解析解是非常困难的，通常用数值方法来求数值解，采用得最多的是有限差分法和有限元法。有限差分法处理形状不规则的问题时，有一定的局限性，而有限元法的适用范围更广，通用性也较好，图 4-10 为有限元分析得到的钢梁的温度云图，从图 4-10 中可以看出，在试件的端部温度分布不均匀。用有限差分法或有限元法可分析火灾时有保护层和无保护层钢构件的温度分布。

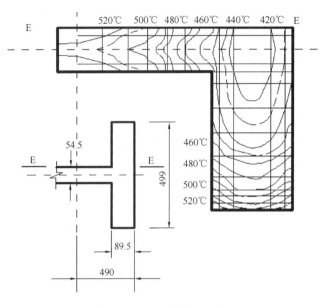

图 4-9 火灾下重型 H 形截面内的温度分布

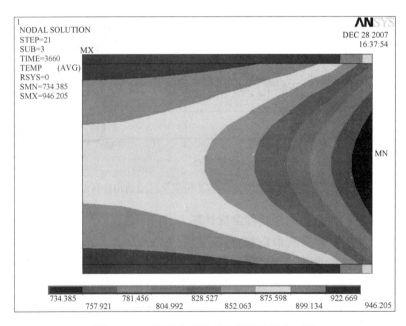

图 4-10 有限元分析得到的钢梁的温度云图

4.4 组合构件温度计算

4.4.1 组合柱的温度计算

火灾下,钢-混凝土组合柱截面的温度分布随着时间而发生变化,为了确定钢-混凝土组合柱(图 4-11 和图 4-12)的耐火性能和计算耐火极限,必须首先确定其截面的温度场分布。下面介绍一种"混合法"来求解确定组合柱截面温度场的非线性抛物线型偏微分方程，即在空间域内用有限单元网格划分，而在时间域内用有限差分网格划分，其实质是有限单元法和有限差分法的混合解法。这是一种成功的结合，因为它充分利用了有限单元法在空间域划分中的优点和有限差分法在时间推进中的优点。

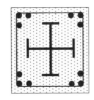

图 4-11　型钢混凝土截面类型

钢-混凝土组合构件在四面均匀受火时可近似地认为温度沿着构件长度方向不变化，因此可简化为沿截面的二维温度场问题。

对于圆形截面的组合构件，在均匀温度场作用下为轴对称问题，若以 r 为径向轴，以 z 为对称轴，其热传导方程为

$$\rho c \frac{\partial T}{\partial t} = k \left(\frac{\partial^2 T}{\partial r^2} + \frac{1}{r} \cdot \frac{\partial T}{\partial r} + \frac{\partial^2 T}{\partial z^2} \right) \tag{4-38}$$

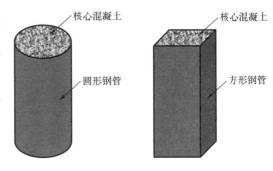

图 4-12　钢管混凝土构件类型

对于矩形截面的组合构件，在均匀温度场作用下为平面问题，若以 x 为坐标横轴，以 y 为坐标纵轴，其热传导方程为：

$$\rho c \frac{\partial T}{\partial t} = k \left(\frac{\partial^2 T}{\partial x^2} + \frac{\partial^2 T}{\partial y^2} \right) \tag{4-39}$$

式中，c、ρ 分别为材料的比热容[kJ/(kg·℃)]和密度(kg/m³)；k 为材料的导热系数[W/(m·℃)]；t 为火灾燃烧时间(s)。

火灾情况下，钢-混凝土组合构件受火面同时存在着对流和辐射两种传热方式，边界条件表示为

$$-k \frac{\partial T}{\partial n} = h_c (T - T_f) + \varepsilon \sigma [(T+273)^4 - (T_f+273)^4] \tag{4-40}$$

式中，T_f 为火焰温度（℃）；h_c 为对流传热系数，取 25W/(m²·K)；ε 为综合辐射系数，取 0.5；σ 为 Stefan-Boltzmann 常数，其数值为 5.67×10^{-8} W/(m²·K⁴)，各参数取值主要参考 ECCS 建议值；n 为边界面外法线方向。

为了使计算方法既适用于平面问题，又适用于轴对称问题，将平面划分为三角形单元。温度场计算单元划分示意图 4-13 所示，r 为轴对称问题的径向方向，i、j、m 为单元节点编号。

三角形单元各节点的基本未知量是温度 T，设单元 e 上的温度 T 是 x、y 的线性函数，即

$$T = a_1 + a_2 x + a_3 y \quad (4\text{-}41)$$

式中，a_1、a_2、a_3 是待定常数，它们可由节点上的温度值来确定。为此，将节点的坐标及温度带入式（4-41），得

$$T_i = a_1 + a_2 x_i + a_3 y_i$$
$$T_j = a_1 + a_2 x_j + a_3 y_j \quad (4\text{-}42)$$
$$T_m = a_1 + a_2 x_m + a_3 y_m$$

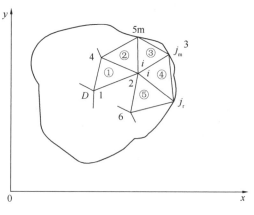

图 4-13 温度场计算单元划分示意

高温（火灾）情况下钢-混凝土组合柱截面温度场分布的平衡方程可表示为

$$[K]\{T\} + [N]\left\{\frac{\partial T}{\partial t}\right\} = \{p\} \quad (4\text{-}43)$$

式中，$[K]$ 为温度矩阵；$[N]$ 为变温矩阵，是考虑温度随时间变化的一个系数矩阵，是不稳定温度场计算特有的一项；$\{p\}$ 为等式右端列向量，$\{T\}$ 为温度场。

将上式按 Crank-Niconlson 差分格式展开，整理后得

$$\left([K] + \frac{2[N]}{\Delta t}\right)\{T\}_t = (\{P\}_t + \{P\}_{t-\Delta t}) + \left(\frac{2[N]}{\Delta t} - [K]\right)\{T\}_{t-\Delta t} \quad (4\text{-}44)$$

式中，$\{P\}_t$ 和 $\{P\}_{t-\Delta t}$ 分别为 t 和 $t-\Delta t$ 时刻的方程右端项，如果边界条件随时间变化，则 $\{P\}_t$ 与 $\{P\}_{t-\Delta t}$ 是不相等的，但都是已知的；$\{T\}_{t-\Delta t}$ 为已知的初始温度场，由此可求出 t 时刻的温度场 $\{T\}_t$，再把 $t-\Delta t$ 代替式中的 t，把 $\{T\}_t$ 作为初始温度场，就可求解出 $t-\Delta t$ 时刻的温度场 $\{T\}_{t-\Delta t}$，依此类推，可求得时间间隔为 Δt 的各个时刻的温度场。

式（4-44）为计算高温（火灾）情况下钢筋混凝土温度场分布的公式。

由于水蒸气主要影响混凝土的比热容和密度，因此可假设混凝土中所含水分的质量分数为 5%，对混凝土的热工参数进行修正。对于型钢混凝土构件，由于截面钢筋的体积含量较小，计算时可忽略钢筋对截面温度场的影响，钢筋形心处的温度可通过邻近混凝土节点温度插值求得。建筑结构在火灾情况下的升温在初始阶段一般较剧烈，然后逐渐趋于平缓。这种情况下，可采用变时间步长的算法，即在升温初期选取较小的时间步长，而在升温后期选取较大的时间步长，这样做既节省机时，又可满足必要的计算精度。

利用上述方法，可编制分析钢-混凝土组合柱在高温下温度场的非线性有限元程序。程序具有较强的通用性，只要适当变化其中的某些参数，就可以进行平面问题或轴对称问题的计算。程序既适用于均匀温度场的分析，又适用于非均匀温度场的分析；既适用于圆形截面，又适用于多边形（例如正方形、矩形和六边形等）截面的温度场计算；既适用于有保护层的情况，又适用于无保护层的情况。

4.4.2 组合梁的温度计算

根据钢-混凝土组合梁的截面特点，组合梁顶面与混凝土板接触，组合梁中钢梁的各板件温度相差较大，不能按截面温度均匀分布构件计算。可以采用数值方法（包括有限元法和有限差分法）来计算火灾时组合梁的温度分布，图 4-14 是采用 ANSYS 计

算得到的组合梁内温度分布。图 4-15 是试验测量得到的组合梁各部分温度随时间的变化曲线,可以看出,钢梁的下翼缘和腹板温度最高,且比较接近,其次是钢梁的上翼缘,温度最低的是混凝土楼板,且测量位置越高,温度越低,混凝土楼板温度呈现严重的不均匀分布。

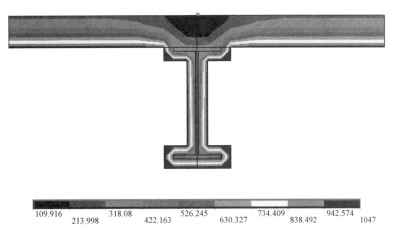

图 4-14 采用 ANSYS 计算得到的组合梁内温度分布

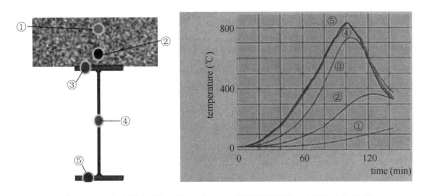

图 4-15 试验测量得到的组合梁各部分温度随时间的变化曲线

研究表明,在工程应用范围内,因钢材和混凝土的热传导系数相差悬殊,组合梁顶部混凝土的厚度和宽度对组合梁钢梁部分的温度分布的影响很小,而影响组合梁升温的主要是其钢板板件自身的尺寸。基于这一结论,火灾下钢-混凝土组合梁的升温计算可以将钢梁分成上翼缘和腹板与下翼缘构成的倒 T 形件两部分,混凝土板与钢梁上翼缘的界面可以按绝热边界考虑,每部分板件的升温都可以按室内火灾下纯钢构件的升温计算方法进行计算,如图 4-16 所示。标准升温条件下的组合梁各板件温度可以按式(4-32)计算,计算时式中的截面形状系数按各板件的尺寸确定。需要注意的是,计算上翼缘的截面形状系数时,翼缘上表面不计入受火表面积。

由于混凝土楼板的温度分布主要与顶板的厚度有关,为工程实用,可对工程中常见典型板厚(50mm、100mm)建立混凝土板的平均温度,如表 4-4 所示。其他厚度的混凝土板受火的平均温度可以通过表 4-4 线性插值得到。

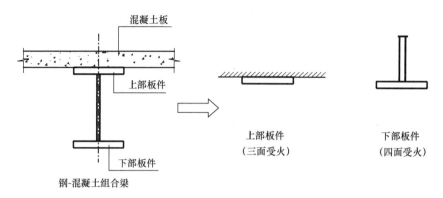

图 4-16 钢-混凝土组合梁升温计算

火灾下组合梁混凝土楼板平均温度 表 4-4

混凝土顶板厚度（mm）	受火 120min	受火 90min	受火 60min	受火 30min
50	910℃	805℃	635℃	405℃
100	600℃	510℃	400℃	265℃

注：对于压型钢板组合楼板，混凝土板厚度指压型钢板肋高以上混凝土板厚度。

4.4.3 组合楼板的温度计算

常用的钢-混凝土组合楼板是由压型钢板与现浇混凝土组合而成。火灾热空气一般从板底对楼板起作用，即热量从楼板的底面传入。混凝土的热传导系数较小，因此压型钢板沿厚度方向的温度可以按均匀分布考虑，而混凝土板厚度方向温度梯度较大，靠近受火面的温度远大于背火面的温度。但是，如果组合板下火灾烟气温度均匀分布时，则沿着板肋方向的楼板断面温度分布相同，即可以用一个楼板断面单元的温度分布表示整个楼板的温度分布。进行室内火灾作用下组合楼板的升温计算时，取一个组合楼板断面单元进行分析即可，如图 4-17 所示，这样可以简化分析工作量。

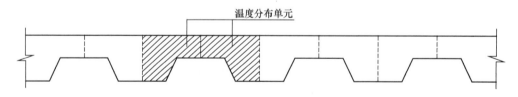

图 4-17 均匀烟气温度作用下的组合板升温单元

因火灾下组合楼板截面内的温度分布不均匀，一般采用数值方法（有限元法和有限差分法）计算组合楼板内的温度分布，然后绘制出板内的等温线，图 4-18 是数值分析得到的 ISO834 标准升温条件下组合楼板内的等温线，可以看出，组合楼板内的绝大部分区域温度升高较慢。

在结构抗火计算时，我们主要关心组合楼板在高温下的承载力，组合楼板的高温区域一般在下部受火面，而根据高温下混凝土和钢材的材料强度，超过 700℃ 的材料强度可忽略，故只要知道超过 700℃ 高温的区域形状即可方便地得到高温下组合楼板的承载力。根据数值分析得到的 700℃ 等温线在各受火时间下在组合楼板内的发展过程，如图 4-19 所示。

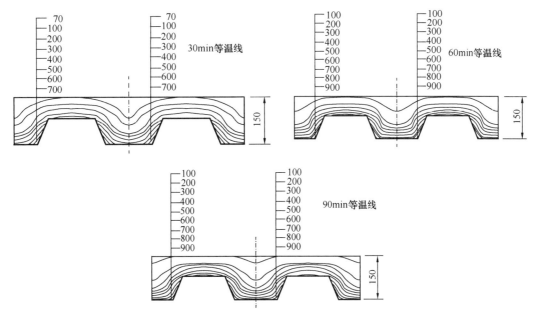

图 4-18 数值分析得到的 ISO834 标准升温条件下组合楼板内的等温线

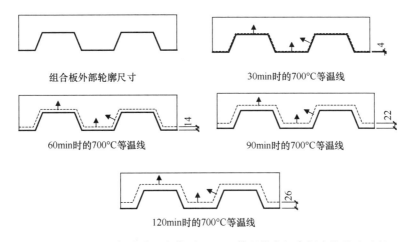

图 4-19 ISO834 标准升温条件下 700 ℃ 等温线在组合板内的移动过程

习 题

4-1 钢构件的升温计算有哪些类型？每个类型分别具有什么特征？

4-2 采用增量法计算有轻质保护层和有非轻质保护层钢构件的升温时，计算方法存在什么区别？

4-3 某钢筋混凝土柱，截面尺寸为 300mm×300mm，配有 4ϕ12 钢筋，钢筋中心至混凝土表面的距离为 25mm，求下列两种情况下，四面受火 120min 时，钢筋的温度。

（1）柱外无饰面材料；

（2）柱四周抹 20mm 厚混合砂浆。

4-4 钢-混凝土组合梁在火灾下温度分布有什么规律？

4-5　压型钢板-混凝土组合楼板在火灾下 700℃等温线如何确定？

4-6　工字形截面构件，高 $h=200$mm，宽 $b=150$mm，翼缘和腹板厚度 $t=10$mm，钢材比热容 $c_s=600$J/(kg·℃)。防火涂料厚度 $d_i=20$mm，导热系数 $\lambda_i=0.1$W/(m·℃)，密度 $\rho_i=300$kg/m³，比热容 $c_i=0.8$kJ/(kg·℃)。空气按 ISO834 标准升温曲线取值，常温下的温度取 20℃，时间增量取 20s，采用增量法计算构件升温 1min 后的温度。

4-7　一钢-混凝土组合梁，混凝土楼板厚度为 80mm，钢梁尺寸为 H300mm×200mm×10mm×12mm，防火保护层厚度为 20mm，导热系数为 0.2W/(m·℃)，求钢梁在 ISO834 标准升温条件下 1.5h 的温度。

第5章 高温下结构材料特性

结构材料在高温下性能会发生退化,主要表现为强度下降,弹性模量下降。结构构件在火灾下的温度除了取决于空气温度之外,还和构件材料的导热系数、比热容、密度等相关。此外,结构材料高温下一般都有热胀冷缩现象,高温下热膨胀量的大小与材料的热膨胀系数有关。材料的特性可分为物理特性和力学特性,物理特性指标主要包含热膨胀系数、导热系数、比热容、密度等,而力学性能指标主要包含强度、弹性模量、应力-应变关系、蠕变等。物理特性指标中的导热系数、比热容和密度是进行结构传热分析的基础数据,而热膨胀系数和力学性能指标是进行结构受力和变形计算的基础数据。

材料的物理性能指标可以采用相应的仪器进行测量,例如热膨胀系数测定仪(图 5-1)、导热系数测定仪(图 5-2)等,我国也有相应的测试标准。

图 5-1　热膨胀系数测定仪

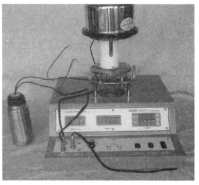
图 5-2　导热系数测定仪

5.1　普通混凝土热工参数

混凝土的组成成分在不同温度下会发生一系列的物理和化学变化,从而影响混凝土的热工性能和力学性能。高温后混凝土微观结构分析结果表明,温度低于 300℃时,混凝土失去自由水和部分凝胶水而收缩,骨料随着温度的升高而膨胀,组织结构变得更加密实;温度达到 400℃时,C-S-H 凝胶体有些松散,$Ca(OH)_2$ 少量分解;温度达到 500℃时,混凝土已完全脱水,混凝土中的浆体急剧收缩,而骨料继续膨胀,导致较大的内应力,引起内部黏结面的开裂,同时 $Ca(OH)_2$ 开始大量分解,导致水泥石结构的破坏;温度达到 600℃左右时,混凝土内应力增大,微裂缝进一步加大,对于硅质骨料,石英在 573℃左右由 α 型转化为 β 型,并伴随有 0.85% 的体积膨胀,混凝土结构损伤较大;700℃时,$Ca(OH)_2$ 因大量分解,成为结构松散的残余物,骨料与浆体间裂缝迅速发展;温度达到 900℃时,石灰石开始分解,骨料与浆体完全脱节。

热传导系数（又称导热系数）是指在单位温度梯度条件下，单位面积的材料在单位时间内所传递的热量，其单位为 W/(m·K) 或 W/(m·℃)。混凝土的热传导系数取决于组成它的各成分的热传导系数，其中，主要的因素有骨料类型、水分含量以及混凝土的配合比等。对于一个确定组成的材料来说，材料中的水分含量便成为影响混凝土热传导系数的主要因素，在温度为700℃以内时，热传导系数随着温度的升高接近于线性减小。含水率也是影响混凝土热传导系数的主要因素之一，当温度小于100℃时，这种影响尤为突出；而当温度大于100℃后，由于混凝土中自由水不断蒸发，其影响随时间和温度的持续增加而越来越小。建筑结构在火灾情况下很短的时间内温度可达到几百摄氏度，因此，含水率的影响可以不予考虑。骨料类型对混凝土热传导系数的影响很显著，对于不同类型骨料的混凝土，其热传导系数可相差一倍以上。

比热容是指单位质量的物质温度升高或降低1℃时所吸收或释放的热量，其单位为 J/(kg·℃) 或 J/(kg·K)。混凝土的比热容 c_c 主要受温度、混凝土的骨料类型、配合比和水分的影响。随着温度升高，混凝土的比热容缓慢增大。混凝土的骨料类型、配合比对混凝土比热容的影响较大，而水含量的影响在温度低于200℃时较大，在100℃附近混凝土的比热容有一突然增加，这是由于水分蒸发造成。总体上，配合比和水分对比热容的影响都不大。混凝土的密度 ρ_c 由于自由水的蒸发，在100℃以后有所降低。在计算时，一般可以把混凝土的密度看作常数。

高温下普通混凝土的导热系数、比热容和密度按式（5-1）、式（5-2）和式（5-3）计算：

$$\lambda_{cT} = 1.68 - 0.19 \times 10^{-2} T + 0.82 \times 10^{-6} T^2, \quad 20℃ \leqslant T \leqslant 1000℃ \tag{5-1}$$

$$c_{cT} = \begin{cases} 900, & 20℃ \leqslant T \leqslant 100℃ \\ 900 + (T-100), & 100℃ < T \leqslant 200℃ \\ 1000 + (T-200)/2, & 200℃ < T \leqslant 400℃ \\ 1100, & 400℃ < T \leqslant 1000℃ \end{cases} \tag{5-2}$$

$$\rho_{cT} = \begin{cases} \rho_c, & 20℃ \leqslant T \leqslant 115℃ \\ [1.00 - 0.02(T-115)/85]\rho_c, & 115℃ < T \leqslant 200℃ \\ [0.98 - 0.03(T-200)/200]\rho_c, & 200℃ < T \leqslant 400℃ \\ [0.95 - 0.07(T-400)/800]\rho_c, & 400℃ < T \leqslant 1000℃ \end{cases} \tag{5-3}$$

式中，λ_{cT} 为高温下普通混凝土的导热系数 [W/(m·℃)]；c_{cT} 为高温下普通混凝土的比热容 [J/(kg·℃)]；ρ_{cT} 为高温下普通混凝土的密度（kg/m³）；ρ_c 为常温下普通混凝土的密度（kg/m³）；T 为温度（℃）。

由于混凝土的传热性能较差，在较短时间里很难使整个试件截面的温度处于稳定。截面上和沿试件长度形成不均匀温度场，各点受温度影响不能自由膨胀变形，试件的伸长实际上代表了平均膨胀变形。因而混凝土的热膨胀系数值不仅与混凝土本身的骨料类型等有关，还与试件的尺寸大小、加热速率和试件密封与否等外部条件有关。

高温下普通混凝土的热膨胀应变按式（5-4）和式（5-5）计算：

硅质骨料：

$$\varepsilon_{c,T}^{th} = \begin{cases} -1.8\times 10^{-4}+9.0\times 10^{-6}T+2.3\times 10^{-11}T^3, & 20℃ \leqslant T \leqslant 700℃ \\ 14.0\times 10^{-3}, & 700℃ < T \leqslant 1000℃ \end{cases} \quad (5\text{-}4)$$

钙质骨料：

$$\varepsilon_{c,T}^{th} = \begin{cases} -1.2\times 10^{-4}+6.0\times 10^{-6}T+1.4\times 10^{-11}T^3, & 20℃ \leqslant T \leqslant 800℃ \\ 12.0\times 10^{-3}, & 800℃ < T \leqslant 1000℃ \end{cases} \quad (5\text{-}5)$$

式中，$\varepsilon_{c,T}^{th}$ 为高温下普通混凝土的热膨胀应变。

5.2 混凝土高温力学性能参数

高温下混凝土的力学性能主要包括抗压强度、抗拉强度、弹性模量和应力-应变关系等。高温作用下，由于混凝土中粗、细骨料和水泥等胶结材料的热工性能不同，以及这些材料间的物理、化学作用等原因，各种混凝土的力学性能差异较大。

抗压强度是混凝土最基本、最重要的一项力学指标，常作为确定混凝土质量和等级的基本参数，并对混凝土的其他力学性能，如抗拉强度、弹性模量、峰值应变等起决定性作用。

对高温下混凝土的抗压强度，国内外已进行了大量的试验研究，但由于组成混凝土的骨料类型、配合比等的差异以及试件养护条件和试验方法等的不同，所得出的结果也不尽一致。目前比较一致的结论有：混凝土的抗压强度在 400℃ 以内变化不大；当温度超过 400℃ 后，抗压强度降低幅度明显较大；当温度超过 900℃ 以后，抗压强度不到常温下的 1/10。混凝土骨料类型不同，随温度的升高，其强度降低幅度也不同，但除轻骨料混凝土外，骨料类型的影响可以忽略不计。高温下，低强混凝土比高强混凝土强度损失幅度小，但强度等级对高温下混凝土抗压强度影响不大；高温下，水灰比增大，抗压强度降低幅度亦相应增大，但当温度大于 300℃ 时，降低的幅度要减小一些；加热较慢比加热较快的混凝土的强度降低幅度要大，但只要试件中的温度梯度有限（小于等于 10℃/cm），升温速率对混凝土强度影响很小；抗压强度随高温下暴露时间的延长而逐渐下降，且下降幅度随温度的提高而增大；升降温循环后导致混凝土的强度有不同程度的降低，但大部分强度损失发生在第一次循环后。

5.2.1 普通混凝土

高温下普通混凝土的轴心抗压强度折减系数按式（5-6）计算：

$$\eta_{cT} = \begin{cases} 1.000, & 20℃ \leqslant T \leqslant 300℃ \\ 1.639-2.380\times 10^{-3}T+7.339\times 10^{-7}T^2, & 300℃ < T \leqslant 1000℃ \end{cases} \quad (5\text{-}6)$$

式中，η_{cT} 为高温下普通混凝土的轴心抗压强度折减系数。

高温下普通混凝土的抗拉强度折减系数按式（5-7）计算：

$$\eta_{tT} = 1.000-0.001T, \quad 20℃ \leqslant T \leqslant 1000℃ \quad (5\text{-}7)$$

式中，η_{tT} 为高温下普通混凝土的抗拉强度折减系数。

高温下普通混凝土的初始弹性模量折减系数按式（5-8）计算：

$$\chi_{cT} = \begin{cases} 1.00-2.79\times 10^{-3}(T-20), & 20℃ \leqslant T \leqslant 100℃ \\ 0.93-1.52\times 10^{-3}T+5.79\times 10^{-7}T^2, & 100℃ < T \leqslant 1000℃ \end{cases} \quad (5\text{-}8)$$

式中，χ_{cT} 为高温下普通混凝土的初始弹性模量折减系数。

高温下普通混凝土的应力-应变关系按式（5-9）计算：

$$\sigma = \begin{cases} f_{cT}\left[2.2\dfrac{\varepsilon}{\varepsilon_{0T}} - 1.4\left(\dfrac{\varepsilon}{\varepsilon_{0T}}\right)^2 + 0.2\left(\dfrac{\varepsilon}{\varepsilon_{0T}}\right)^3\right], & 0 < \varepsilon \leqslant \varepsilon_{0T} \\ f_{cT}\dfrac{\varepsilon/\varepsilon_{0T}}{0.8(\varepsilon/\varepsilon_{0T}-1)^2 + \varepsilon/\varepsilon_{0T}}, & \varepsilon > \varepsilon_{0T} \end{cases} \quad (5\text{-}9)$$

$$\varepsilon_{0T} = (1 + 1.5 \times 10^{-3}T + 5 \times 10^{-6}T^2)\varepsilon_0, \ 20℃ \leqslant T \leqslant 1000℃ \quad (5\text{-}10)$$

式中，σ 为应力（N/mm²）；ε 为应变；f_{cT} 为高温下普通混凝土的轴心抗压强度（N/mm²）；ε_{0T} 为高温下普通混凝土的峰值应变；ε_0 为常温下普通混凝土的峰值应变，可按现行国家标准《混凝土结构设计标准》GB/T 50010 确定。

5.2.2 高强混凝土

高温下高强混凝土的导热系数、比热容、密度、热膨胀应变可分别采用普通混凝土的参数进行相应取值。

C60~C80 高强混凝土在高温下的轴心抗压强度折减系数按式（5-11）计算：

$$\eta_{cT} = \dfrac{1}{1 + 9.45 \times 10^{-8} \times (T-20)^{2.66}}, \ 20℃ \leqslant T \leqslant 1000℃ \quad (5\text{-}11)$$

式中，η_{cT} 为高温下高强混凝土的轴心抗压强度折减系数。

C60~C80 高强混凝土在高温下的初始弹性模量折减系数宜按式（5-12）计算：

$$\chi_{cT} = \begin{cases} 1.00, & 20℃ \leqslant T \leqslant 80℃ \\ 2.24 \times 10^{-6}T^2 - 3.32 \times 10^{-3}T + 1.25, & 80℃ < T \leqslant 800℃ \\ 1.38 \times 10^{-4}(1000-T), & 800℃ < T \leqslant 1000℃ \end{cases} \quad (5\text{-}12)$$

式中，χ_{cT} 为高温下高强混凝土的初始弹性模量折减系数。

C60~C80 高强混凝土在高温下的应力-应变关系宜按式（5-13）计算：

$$\sigma = \left\{\dfrac{\varepsilon}{\varepsilon_{0T}} \times \exp\left[\dfrac{1-(\varepsilon/\varepsilon_{0T})^2}{2}\right]\right\}f_{cT} \quad (5\text{-}13)$$

$$\varepsilon_{0T} = [1.000 + 5.910 \times 10^{-5}(T-20)^{1.725}]\varepsilon_0, \ 20℃ \leqslant T \leqslant 1000℃ \quad (5\text{-}14)$$

式中，σ 为应力（N/mm²）；ε 为应变；f_{cT} 为高温下高强混凝土的轴心抗压强度（N/mm²）；ε_{0T} 为高温下高强混凝土的峰值应变；ε_0 为常温下高强混凝土的峰值应变，可按现行国家标准《混凝土结构设计标准》GB/T 50010 确定。

5.3 钢筋高温物理性能参数

高温下普通钢筋的导热系数、比热容、密度和泊松比采用结构钢的相应参数，如表5-1所示。

高温下结构钢的物理参数　　　表5-1

参数名称	符号	数值	单位
热膨胀系数	α_{sT}	1.4×10^{-5}	℃⁻¹
导热系数	λ_{sT}	45.0	W/(m·℃)

续表

参数名称	符号	数值	单位
比热容	c_{sT}	600.0	$J/(kg \cdot ℃)$
密度	ρ_{sT}	7850.0	kg/m^3
泊松比	υ_{sT}	0.3	—

高温下普通钢筋的热膨胀应变按式（5-15）计算：

$$\varepsilon_{s,T}^{th} = \begin{cases} -2.416 \times 10^{-4} + 1.200 \times 10^{-5}T + 0.400 \times 10^{-8}T^2, & 20℃ \leqslant T \leqslant 750℃ \\ 0.011, & 750℃ < T \leqslant 860℃ \\ -6.200 \times 10^{-3} + 2.000 \times 10^{-5}T, & 860℃ < T \leqslant 1000℃ \end{cases} \quad (5\text{-}15)$$

式中，T 为材料温度（℃）；$\varepsilon_{s,T}^{th}$ 为高温下普通钢筋的热膨胀应变。

5.4 钢筋高温力学性能参数

普通热轧钢筋的高温力学特性与普通结构钢很相近，欧洲组合结构规范 EC4 对于这两类钢材采用了完全相同的高温本构关系。

高温下普通钢筋的屈服强度折减系数按式（5-16）计算：

$$\eta_{yT} = \begin{cases} 1.000, & 20℃ \leqslant T \leqslant 100℃ \\ \dfrac{1.000}{1 + 16.367 \times (T \times 10^{-3})^{4.359}}, & 100℃ < T \leqslant 800℃ \\ 0.139 - 6.950 \times 10^{-4} \times (T - 800), & 800℃ < T \leqslant 1000℃ \end{cases} \quad (5\text{-}16)$$

式中，η_{yT} 为高温下普通钢筋的屈服强度折减系数。

高温下普通钢筋的弹性模量折减系数按式（5-17）计算：

$$\chi_{sT} = \begin{cases} 1.000, & 20℃ \leqslant T \leqslant 100℃ \\ \dfrac{1.000}{1.000 + 11.894 \times (T \times 10^{-3})^{3.326}}, & 100℃ < T \leqslant 800℃ \\ 0.150 - 7.500 \times 10^{-4} \times (T - 800), & 800℃ < T \leqslant 1000℃ \end{cases} \quad (5\text{-}17)$$

式中，χ_{sT} 为高温下普通钢筋的弹性模量折减系数。

高温下普通钢筋的应力-应变关系按式（5-18）计算：

$$\begin{cases} \sigma = E_{sT}\varepsilon, & \varepsilon \leqslant \varepsilon_{yT} \\ \sigma = f_{yT} + (f_{uT} - f_{yT})\eta, & \varepsilon_{yT} < \varepsilon \leqslant \varepsilon_{uT} \end{cases} \quad (5\text{-}18)$$

$$\eta = (1.500\xi - 0.500\xi^3)^{0.620} \quad (5\text{-}19)$$

$$\xi = \frac{\varepsilon - \varepsilon_{yT}}{\varepsilon_{uT} - \varepsilon_{yT}} \quad (5\text{-}20)$$

$$\varepsilon_{uT} = 0.165 - 0.190 \times 10^{-3}T \geqslant 0.020 \quad (5\text{-}21)$$

$$f_{uT} = \begin{cases} f_u, & 20℃ \leqslant T \leqslant 100℃ \\ \dfrac{1.000}{1.000 + 17.090 \times (T \times 10^{-3})^{4.940}} f_u, & 100℃ < T \leqslant 800℃ \\ [0.150 - 7.500 \times 10^{-4} \times (T - 800)]f_u, & 800℃ < T \leqslant 1000℃ \end{cases} \quad (5\text{-}22)$$

式中，σ 为应力（N/mm²）；ε 为应变；E_{sT} 为高温下普通钢筋的弹性模量，可按常温下普通钢筋的弹性模量乘式（5-17）的高温下弹性模量折减系数确定；f_{yT} 为高温下普通钢筋的屈服强度，可按常温下普通钢筋的屈服强度标准值乘式（5-16）的高温下屈服强度折减系数确定；ε_{yT} 为高温下普通钢筋的屈服应变，$\varepsilon_{yT} = f_{yT}/E_{sT}$；$\varepsilon_{uT}$ 为高温下普通钢筋的极限应变；f_{uT} 为高温下普通钢筋的极限强度；f_u 为常温下普通钢筋的极限强度。

高温下预应力钢筋的热膨胀应变按式（5-23）计算：

$$\varepsilon_{p,T}^{th} = -2.016 \times 10^{-4} + 10^{-5}T + 0.400 \times 10^{-8}T^2, \quad 20℃ \leqslant T \leqslant 1000℃ \quad (5\text{-}23)$$

式中，$\varepsilon_{p,T}^{th}$ 为高温下预应力钢筋的热膨胀应变。

一般来说，冷拔预应力钢筋（钢绞线）的含碳率更高，冷拔过程中钢材所经受的塑性变形、应变时效及应变硬化作用更大，对钢材的应力-应变曲线的影响更为显著（图5-3）。冷拔钢筋由于已经受到应变时效和应变硬化作用，故在高温下无蓝脆现象，极限强度没有提高。

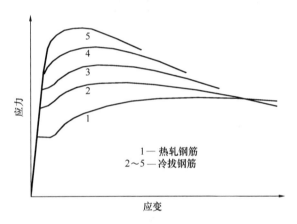

图 5-3 冷拔对钢筋应力-应变的影响

高温下预应力钢筋的条件屈服强度折减系数按式（5-24）计算：

$$\eta_{0.2T} = \begin{cases} 1.013 - 8.470 \times 10^{-4}T + 1.269 \times 10^{-7}T^2 \\ -7.800 \times 10^{-9}T^3 + 9.240 \times 10^{-12}T^4, & 20℃ \leqslant T \leqslant 700℃ \\ 0.025 - 8.333 \times 10^{-5}(T-700), & 700℃ < T \leqslant 1000℃ \end{cases} \quad (5\text{-}24)$$

式中，$\eta_{0.2T}$ 为高温下预应力钢筋的条件屈服强度折减系数。

高温下预应力钢筋的抗拉强度折减系数按式（5-25）计算：

$$\eta_{pT} = \begin{cases} 0.99 + 4.75 \times 10^{-4} \times T - 5.57 \times 10^{-6} \times T^2 \\ +1.02 \times 10^{-9} \times T^3 + 4.55 \times 10^{-12} \times T^4, & 20℃ \leqslant T \leqslant 700℃ \\ 0.0355 - 11.833 \times 10^{-5}(T-700), & 700℃ < T \leqslant 1000℃ \end{cases} \quad (5\text{-}25)$$

式中，η_{pT} 为高温下预应力钢筋的抗拉强度折减系数。

高温下预应力钢筋的弹性模量折减系数按式（5-26）计算：

$$\chi_{pT} = \begin{cases} \dfrac{1.000}{1.030 + 32.000 \times (T+108)^6 \times 10^{-18}}, & 20℃ \leqslant T \leqslant 700℃ \\ 0.101 - 3.355 \times 10^{-4}(T-700), & 700℃ < T \leqslant 1000℃ \end{cases} \quad (5\text{-}26)$$

式中，χ_{pT}为高温下预应力钢筋的弹性模量折减系数。

高温下预应力钢筋的短期高温应力松弛损失按式（5-27）计算：

$$\frac{\sigma_{rT}}{f_p} = (0.137\ln t + 0.360) \times (A \times T^B), \quad 0 < t \leq 120 \text{min}, \quad 20℃ \leq T \leq 550℃ \quad (5-27)$$

$$A = \exp\left[-55.000 + 198.320\frac{\sigma_0}{f_p} - 416.950\left(\frac{\sigma_0}{f_p}\right)^2 + 328.890\left(\frac{\sigma_0}{f_p}\right)^3\right], \quad \sigma_0/f_p \leq 0.65$$
$$(5-28)$$

$$B = 8.400 - 30.250\frac{\sigma_0}{f_p} + 64.620\left(\frac{\sigma_0}{f_p}\right)^2 - 51.710\left(\frac{\sigma_0}{f_p}\right)^3, \quad \sigma_0/f_p \leq 0.65 \quad (5-29)$$

式中，t为升温时间（min）；σ_{rT}为高温下预应力钢筋的应力松弛损失（N/mm²）；σ_0为预应力钢筋的初始应力（N/mm²）；f_p为常温下预应力钢筋的抗拉强度（N/mm²）。

高温下预应力钢筋的蠕变应变按式（5-30）计算：

$$\varepsilon_{crT} = 8.500\exp(1.670 \times 10^{-2}T) \times \left(\frac{\sigma_{pT}}{f_p}\right)^{T/300+0.6} \times t^{0.5}, \quad 20℃ \leq T \leq 550℃ \quad (5-30)$$

式中，t为升温时间（min）；ε_{crT}为高温下预应力钢筋的蠕变应变；σ_{pT}为高温下预应力钢筋的应力（N/mm²）；f_p为常温下预应力钢筋的抗拉强度（N/mm²）。

采用焊接连接、机械连接的钢筋，以及处于受压状态的绑扎搭接连接钢筋，高温下连接钢筋的承载力可按高温下钢筋的承载力取用。

当钢筋采用绑扎搭接连接时，高温下连接钢筋的抗拉承载力应采用钢筋与混凝土界面的黏结强度计算，且不得大于按对应温度下钢筋屈服强度确定的钢筋拉力值。钢筋与混凝土界面的黏结强度按式（5-31）计算。

$$\tau_T = (1.024 - 1.200 \times 10^{-3}T)\tau_{20} \quad (5-31)$$

式中，τ_T为高温下钢筋与混凝土界面的黏结强度；τ_{20}为常温下钢筋与混凝土界面的黏结强度。

当钢筋采用套筒灌浆连接和约束浆锚搭接连接时，高温下连接钢筋的抗拉承载力可按高温下钢筋的承载力取用，钢筋中心位置的温度不宜高于400℃。当钢筋中心位置的温度高于400℃时，宜增大钢筋保护层厚度或采取防火保护措施。

5.5 结构钢材热工参数和高温力学性能参数

进行钢材高温力学性能试验的试验机是在常规试验机基础上，增加升温设备（一般用电炉）和温度测量、控制设备而成。为使试验结果具有可对比性，许多国家对金属材料高温特性试验方法都制订了相应的试验标准，这些标准主要是针对恒温加载试验方法，如美国ASTM E 21、日本J1S G0567、中国GB/T 4338等，对试件的加工、温度的测量、加载速率及恒温要求等都作了明确的规定。

结构抗火试验方法主要有两种，即恒温加载试验（又称稳态试验）和恒载升温试验（又称瞬态试验），二者各有优缺。钢材高温材性试验大多采用恒温加载试验。

1. 恒温加载试验

进行恒温加载试验时，先将试件加热升温至一定温度，并保持一段时间直至试件内部的温度均匀稳定后，再开始进行力加载试验。进行力加载时，有力控制加载和应变控制加载两种方式，通常采用力加载控制。试件的应变通过连接在试件标距处的引伸计来测量。加载速率是影响恒温加载试验结果的一个主要因素。由于在试验过程中试件温度恒定，钢材无附加热膨胀变形，因此恒温加载试验可直接得到钢材在某一温度下的应力-应变关系曲线。一般地，结构（构件）在火灾下各处的温度往往是不同的，在整个试验过程中要维持这样一个不变的状态具有很大的难度，因此恒温加载试验无法模拟实际结构（构件）的不均匀温度场分布。

2. 恒载升温试验

进行恒载升温试验时，先在常温下将试件加载至一定的应力水平，然后按一定的升温速率给炉内空气、试件升温（一般为5~50℃/min），直至试件破坏。升温速率是影响恒载升温试验结果的一个主要因素。采用这种方法进行试验时，将产生附加热膨胀变形，故需补充一个升温过程完全相同的不加载试验测得试件的热膨胀应变ε_{th}，将ε_{th}从总应变ε中分离出来得到试件的应力应变ε_σ，即

$$\varepsilon_\sigma = \varepsilon - \varepsilon_{th} \tag{5-32}$$

恒载升温试验和实际火灾下结构（构件）的荷载作用完全一致，能更好地模拟结构（构件）的实际工作状况。有学者曾对恒温加载和恒载升温这两种试验方法得到的结果进行对比分析，发现恒温加载试验测得的强度要大于恒载升温的试验结果。

5.5.1 普通结构钢

钢材的物理特性主要取决于钢材的化学组分，加工工艺、加工过程对其影响较小。钢结构工程中常用的碳素结构钢（低碳钢、中碳钢、高碳钢）和低合金结构钢等所含的碳元素、合金元素的比例都很小，基本上不大于5%；耐火钢的合金元素稍高于低合金结构钢。因此，这些钢材的高温物理特性基本相同。高温下结构钢的有关物理参数按表5-1采用。

普通结构钢在高温下的力学性能有如下特点：

(1) 钢材的屈服强度和弹性模量随温度升高而降低，且其屈服台阶变得越来越小。在温度超过300℃以后，已无明显的屈服极限和屈服平台。

(2) 钢材的极限强度基本上随温度的升高而降低，但在180~370℃的温度区间内，钢材出现蓝脆现象（钢材表面氧化膜呈现蓝色），钢材的极限强度有所提高，而塑性和韧性下降，材料脆性提高，蓝脆现象是应变时效的结果。

(3) 当温度超过400℃后，钢材的强度与弹性模量开始急剧下降；当温度达到650℃时，钢材已基本丧失承载能力。

由于高温下钢材没有明显的屈服平台，因此需要指定一个强度作为钢材的名义屈服强度。通常，以一定量的塑性残余应变（称为名义应变）所对应的应力作为钢材的名义屈服强度。常温下一般取0.2%应变作为名义应变，而在高温下，对于名义应变取值尚无一致的标准。

(1) ECCS规定，当温度超过400℃时，以0.5%应变作为名义应变，当温度低于400℃时，则在0.2%（20℃时）和0.5%（20℃时）应变之间线性插值确定。钢梁、钢柱抗火试验表明，该名义应变值过于保守。

(2) BS5950：Part 8 提供了三个名义应变水平的强度，以适应各类构件的不同要求，即：2%应变，适用于有防火保护的受弯组合构件；1.5%应变，适用于受弯钢构件；0.5%应变，适用于除上述二类以外的构件。

(3) EC3、EC4 则取 2%应变作为名义应变来确定钢材的名义屈服强度。

随着研究日益广泛与深入，对钢材在高温下的性能以及钢结构在火灾下的反应有了更深、更具体的了解，最新的研究成果已倾向于采用较大的名义应变来确定钢材在高温下的名义屈服强度。为方便描述与总结规律，钢材的高温强度通常以高温强度降低系数的形式给出，这里降低系数定义为钢材高温强度与其常温强度的比值。由于试验钢材具体特性以及名义应变取舍的不同，文献中钢材的高温强度降低系数有相当的离散性。

20 世纪 90 年代以前，我国对钢材在高温下的性能研究主要针对钢筋，由于没有系统的材性试验资料，在进行钢结构抗火分析时通常偏向于采用保守的 ECCS 模型。同济大学对 Q235 钢与 Q355 钢进行了较为系统的高温材性试验，量测了 0.2%、0.5%、1.0%三个名义应变水平的高温屈服强度，其结果如图 5-4 所示。考虑到普通结构钢的"蓝脆效应"以及采用较大的名义应变来确定其高温屈服强度，建议采用如下拟合公式计算普通结构钢的高温强度降低系数。

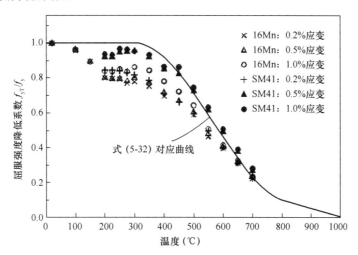

图 5-4 同济大学对 Q235 钢和 Q355 钢的高温材性试验结果

高温下结构钢的强度设计值应按下列公式计算。

$$f_T = \eta_{sT} f \tag{5-33}$$

$$\eta_{sT} = \begin{cases} 1.0, & 20℃ \leqslant T_s \leqslant 300℃ \\ 1.24 \times 10^{-8} T_s^3 - 2.096 \times 10^{-5} T_s^2 \\ \quad + 9.228 \times 10^{-3} T_s - 0.2168, & 300℃ < T_s \leqslant 800℃ \\ 0.5 - T_s/2000, & 800℃ < T_s \leqslant 1000℃ \end{cases} \tag{5-34}$$

式中，T_s 为钢材的温度（℃）；f_T 为高温下钢材的强度设计值（N/mm²）；f 为常温下钢材的强度设计值（N/mm²）；η_{sT} 为高温下钢材的屈服强度折减系数。

高温下结构钢的弹性模量应按下列公式计算。

$$E_{sT} = \chi_{sT} E_s \tag{5-35}$$

$$\chi_{sT} = \begin{cases} \dfrac{7T_s - 4780}{6T_s - 4760}, & 20℃ \leqslant T_s < 600℃ \\[2mm] \dfrac{1000 - T_s}{6T_s - 2800}, & 600℃ \leqslant T_s \leqslant 1000℃ \end{cases} \tag{5-36}$$

式中，E_{sT} 为高温下钢材的弹性模量（N/mm²）；E_s 为常温下钢材的弹性模量（N/mm²）；χ_{sT} 为高温下钢材的弹性模量折减系数。

5.5.2 耐火结构钢

由于钢材在高温下强度下降，为了达到建筑设计防火规范规定的耐火极限要求，在大多数情况下需要对钢结构进行防火保护。目前所采用的防火保护以厚型防火涂料为主，在防火涂料施工时，除了延长施工周期、恶化作业环境外，还会对建筑的使用与美观有较大的影响。鉴于此，日本于1988年率先开发了耐火钢，即在钢材中添加耐高温的合金元素钼Mo、铬Cr、铌Nb等提高其高温下强度，从而大幅度降低防火涂料的厚度甚至无需防火保护。

通常，耐火钢定义为在温度600℃时钢材的屈服强度不小于常温屈服强度的2/3，且要求其他性能（包括常温机械性能、可焊性、施工性等）与相应规格的普通结构钢基本一致。耐火钢在日本已较为成熟，板材、H型钢、钢管（焊接钢管、大直径钢管、无缝钢管）以及相应的焊接材料、高强度螺栓等均有供货，并已在多个实际工程应用。欧洲钢厂曾研制了能经受900~1000℃的耐火钢，但由于成本过高而未能推广应用。国内马钢集团、武钢集团、鞍钢集团等单位在20世纪90年代后期也开始了耐火钢的开发研究工作，并取得了一定的成功。上海中福城（高层钢结构住宅）是我国最早使用耐火钢的建筑。

结构用耐火钢的高温屈服强度高出普通结构钢甚多。600℃时，构件用耐火钢的屈服强度高于室温强度的2/3，弹性模量仍保持室温时的75%以上。各耐火钢的高温屈服强度降低系数有一定的离散性，而高温极限强度降低系数则差别较小。

高温下耐火钢的强度可按式（5-33）确定，其中，屈服强度折减系数 η_{sT} 应按下式计算。

$$\eta_{sT} = \begin{cases} \dfrac{6(T_s - 768)}{5(T_s - 918)}, & 20℃ \leqslant T_s < 700℃ \\[2mm] \dfrac{1000 - T_s}{8(T_s - 600)}, & 700℃ \leqslant T_s \leqslant 1000℃ \end{cases} \tag{5-37}$$

高温下耐火钢的弹性模量可按式（5-35）确定，其中，弹性模量折减系数 χ_{sT} 应按下式计算。

$$\chi_{sT} = \begin{cases} 1 - \dfrac{T_s - 20}{2520}, & 20℃ \leqslant T_s < 650℃ \\[2mm] 0.75 - \dfrac{7(T_s - 650)}{2500}, & 650℃ \leqslant T_s < 900℃ \\[2mm] 0.5 - 0.0005 T_s, & 900℃ \leqslant T_s \leqslant 1000℃ \end{cases} \tag{5-38}$$

习 题

5-1 材料的物理性能指标包含哪些？力学性能指标包含哪些？分别应用于什么方面？

5-2 结构钢高温力学性能试验方法有哪些？分别具有什么特点？

5-3 如何定义高温下钢材的屈服强度？

5-4 什么是耐火钢？耐火钢与普通钢在高温力学性能方面有何差异？

第 6 章 结构防火设计原则与方法

6.1 结构防火设计原则

6.1.1 火灾下结构的极限状态

结构的基本功能是承受荷载。火灾下，随着结构内部温度的升高，结构的承载能力将下降，当结构的承载能力下降到与外荷载（包括温度作用）产生的组合效应相等时，则结构达到受火承载力极限状态（图 6-1）。火灾下，结构的承载力极限状态可分为构件和结构两个层次，分别对应局部构件破坏和整体结构倒塌。

火灾下，结构构件承载力极限状态的判别标准为：构件丧失稳定承载力，构件的变形速率成为无限大。试验发现，实际上结构构件的特征变形速率超过式（6-1）确定的数值后，构件将迅速破坏。

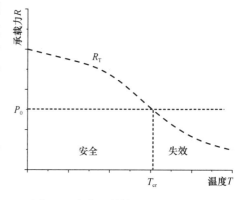

图 6-1 火灾下结构极限状态示意图

$$\frac{\mathrm{d}\delta}{\mathrm{d}t} \geqslant \frac{l^2}{15h_\mathrm{x}} \qquad (6\text{-}1)$$

式中，δ 为构件的最大挠度（mm）（图 6-2）；l 为构件的长度（mm）；h_x 为构件的截面高度（mm）；t 为时间（h）。

构件达到不适于继续承载的变形，具体采用的特征变形可表达为

$$\delta \geqslant \frac{l}{20} \qquad (6\text{-}2)$$

火灾下，结构整体承载力极限状态的判别标准为：

（1）结构丧失整体稳定。

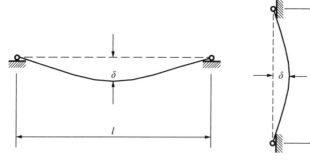

图 6-2 构件的特征变形

(2) 结构达到不适于继续承载的整体变形，其界限值可取为（图6-3）

$$\frac{\delta}{h} \geqslant \frac{1}{30} \tag{6-3}$$

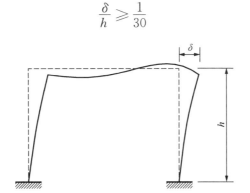

图 6-3 结构整体变形

6.1.2 结构防火计算模型

结构抗火计算模型与火灾升温模型和结构分析模型有关。火灾升温模型可采用标准升温模型（H1）、等效标准升温模型（H2）和模拟分析升温模型（H3），如图6-4所示。标准升温模型简单，但与实际火灾升温有时差别较大；而等效标准升温模型则利用标准升温模型，通过等效曝火时间概念，近似考虑室内火灾荷载、通风参数、建筑热工参数等对火灾升温的影响；模拟分析升温模型可考虑很多影响火灾实际升温的因素模拟火灾实际升温，但这种模型计算复杂，工作量大。

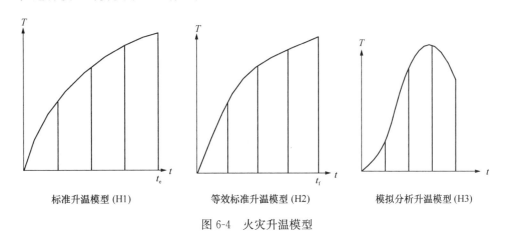

图 6-4 火灾升温模型

结构分析模型可采用构件模型（S1）、子结构模型（S2）和整体结构模型（S3），如图6-5所示。构件模型简单，但准确模拟构件边界约束较难，而子结构模型则可解决这一问题，但计算比构件模型要复杂。构件模型和子结构模型均可用于火灾下构件层次的结构承载力极限状态分析，而整体结构模型主要用于火灾下整体结构层次的结构承载力极限状态分析，但计算工作量较大。

综上所述，结构抗火计算模型有9种组合。对于一般建筑结构，可采用模型S1或S2进行结构抗火计算与设计，对于重要建筑结构，宜采用模型S3进行结构抗火计算与设计。对于一般建筑室内火灾可采用模型H1模拟火灾升温，而对于重要建筑或高大空间建筑，

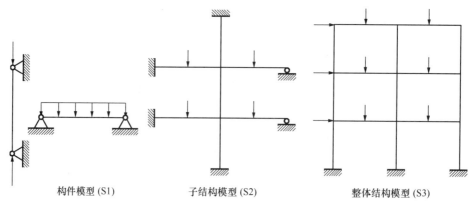

图 6-5 结构分析模型

应采用模型 H2 或 H3 模拟火灾升温。

6.1.3 火灾下结构防火设计要求

对于钢筋混凝土结构、钢结构和钢-混凝土组合结构,无论是构件层次还是整体结构层次的防火设计,均应满足下列要求:

(1) 在规定的结构耐火极限时间内,结构的承载力 R_d 应不小于各种荷载作用所产生的组合效应 S_m,即

$$R_d \geqslant S_m \tag{6-4}$$

(2) 在各种荷载效应组合下,结构的耐火时间 t_d 应不小于规定的结构耐火极限 t_m,即

$$t_d \geqslant t_m \tag{6-5}$$

(3) 火灾下,当结构内部温度分布一定时,若结构达到承载力极限状态时的内部某特征点的温度为临界温度 T_d,则 T_d 应不小于在耐火极限时间内结构在该特征点处的最高温度 T_m,即

$$T_d \geqslant T_m \tag{6-6}$$

式中,t_d 为下钢结构构件的实际耐火极限;t_m 为钢结构构件的设计耐火极限;S_m 为荷载(作用)效应组合的设计值;R_d 为结构构件抗力的设计值;T_m 为在设计耐火极限时间内构件的最高温度;T_d 为构件的临界温度。

将上述三个要求示意在图 6-6 中,其中阴影部分表示安全区域,可以看出,三个要求实际上是等效的,进行结构抗火设计时,满足任意其一即可。

目前,结构防火设计方法采用的是基于计算的结构防火设计方法。

结构抗火设计的要求可统一表示为:结构抗火能力大于等于结构抗火需求。按实现上述要求所采用的方法不同,具体地,钢结构构件的耐火验算和防火设计,可采用耐火极限法、承载力法和临界温度法。

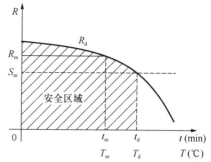

图 6-6 结构抗火设计要求示意

1. 耐火极限法

在设计荷载作用下,火灾下钢结构构件的实际耐火极限不应小于其设计耐火极限。其中,构件的实际耐火极限可按现行国家标准《建筑构件耐火试验方法 第一部分:通用要求》GB/T 9978.1通过试验测定,或采用第7章的方法计算确定。

2. 承载力法

在设计耐火极限时间内,火灾下钢结构构件的承载力设计值不应小于其最不利的荷载(作用)组合效应设计值。

3. 临界温度法

在设计耐火极限时间内,火灾下钢结构构件的最高温度不应高于其临界温度。

6.2 火灾下荷载效应

6.2.1 基于承载力的极限状态设计方法

目前国际上基于概率可靠度的极限状态设计法,均采用不同分项系数的荷载效应线性组合设计表达式,既简单实用,又能基本保证不同荷载工况下的设计可靠度一致。

结构应按结构耐火承载力极限状态进行耐火验算与防火设计,结构耐火验算与防火设计的验算准则,是基于承载力极限状态。结构在火灾下的破坏,本质上是由于随着火灾下钢结构温度的升高,材料强度下降,其承载力随之下降,使结构不能承受外部荷载作用而失效破坏。因此,为保证结构在设计耐火极限时间内的承载安全,必须进行承载力极限状态验算。

当满足下列条件之一时,应视为结构整体达到耐火承载力极限状态:(1)结构产生足够的塑性铰形成可变机构;(2)钢结构整体丧失稳定。当满足下列条件之一时,应视为钢结构构件达到耐火承载力极限状态:(1)轴心受力构件截面屈服;(2)受弯构件产生足够的塑性铰而成为可变机构;(3)构件整体丧失稳定;(4)构件达到不适于继续承载的变形。

随着温度的升高,钢材的弹性模量急剧下降,在火灾下构件的变形显著大于常温受力状态,按正常使用极限状态来设计钢构件的防火保护是过于严苛的。因此,火灾下允许钢结构发生较大的变形,不要求进行正常使用极限状态验算。

6.2.2 火灾下结构材料抗力的取值

火灾下结构的破坏是构件屈服、断裂或屈曲造成的,而结构构件的屈服、断裂或屈曲都直接与材料的强度相关。对于钢材,材料抗力取高温下钢材的强度设计值,是采用常温下钢材的强度设计值乘高温下钢材屈服强度的折减系数得到。对于混凝土和钢筋,材料抗力取高温下钢材的强度标准值,即用常温下的标准值乘高温下强度的折减系数。

6.2.3 火灾下荷载效应组合

结构耐火承载力极限状态的最不利荷载(作用)效应组合设计值,应考虑火灾时结构可能同时出现的荷载(作用),且应按下列组合值中的最不利值确定。

$$S_m = \gamma_{0T}(\gamma_G S_{Gk} + S_{Tk} + \phi_f S_{Qk}) \tag{6-7}$$

$$S_m = \gamma_{0T}(\gamma_G S_{Gk} + S_{Tk} + \phi_q S_{Qk} + \phi_w S_{Wk}) \tag{6-8}$$

式中，S_m 为荷载（作用）效应组合的设计值；S_{Gk} 为按永久荷载标准值计算的荷载效应值；S_{Tk} 为按火灾下结构的温度标准值计算的作用效应值；S_{Qk} 为按楼面或屋面活荷载标准值计算的荷载效应值；S_{Wk} 为按风荷载标准值计算的荷载效应值；γ_{0T} 为结构重要性系数，对于耐火等级为一级的建筑，$\gamma_{0T}=1.1$，对于其他建筑，$\gamma_{0T}=1.0$；γ_G 为永久荷载的分项系数，一般可取 $\gamma_G=1.0$，当永久荷载对结构有利时，取 $\gamma_G=0.9$；ϕ_w 为风荷载的频遇值系数，取 $\phi_w=0.4$；ϕ_f 为楼面或屋面活荷载的频遇值系数，按现行国家标准《建筑结构荷载规范》GB 50009 的规定取值；ϕ_q 为楼面或屋面活荷载的准永久值系数，应按现行国家标准《建筑结构荷载规范》GB 50009 的规定取值。

钢结构的防火设计应根据结构的重要性、结构类型和荷载特征等选用基于整体结构耐火验算或基于构件耐火验算的防火设计方法，并应符合下列规定：

（1）跨度不小于 60m 的大跨度钢结构，宜采用基于整体结构耐火验算的防火设计方法。

（2）预应力钢结构和跨度不小于 120m 的大跨度建筑中的钢结构，应采用基于整体结构耐火验算的防火设计方法。

基于整体结构耐火验算的钢结构防火设计方法应符合下列规定：

（1）各防火分区应分别作为一个火灾工况并选用最不利火灾场景进行验算。

（2）应考虑结构的热膨胀效应、结构材料性能受高温作用的影响，必要时，还应考虑结构几何非线性的影响。

基于构件耐火验算的钢结构防火设计方法应符合下列规定：

（1）计算火灾下构件的组合效应时，对于受弯构件、拉弯构件和压弯构件等以弯曲变形为主的构件，可不考虑热膨胀效应，且火灾下构件的边界约束和在外荷载作用下产生的内力可采用常温下的边界约束和内力，计算构件在火灾下的组合效应；对于轴心受拉、轴心受压等以轴向变形为主的构件，应考虑热膨胀效应对内力的影响。

（2）计算火灾下构件的承载力时，构件温度应取其截面的最高平均温度，并应采用结构材料在相应温度下的强度与弹性模量。

6.3 火灾下构件内力计算

当火灾发生后，结构的内力分布与常温下的内力分布不相同，这主要是两方面的原因造成的：一是因为温度升高，结构构件的刚度下降，造成结构内力重分布；另外一个原因是构件温度升高，构件产生热膨胀，而构件的热膨胀受到周围其他构件的约束，从而在该构件和约束它的构件内产生温度内力。由于在实际情况中，火灾一般都发生在建筑物的局部，因此，本节主要介绍局部火灾下建筑常用框架结构中构件内力的计算方法，为进行框架结构构件抗火设计奠定基础。

结构构件在火灾下的内力由两部分组成，一部分是由结构所受的外荷载产生，另一部分则是构件温度升高时，其热膨胀变形受到约束而产生的温度内力。

6.3.1 局部火灾下荷载效应计算

局部火灾下，由于结构部分构件温度升高，导致这些构件的刚度降低，造成结构的整体刚度分布与常温下不同,结构内力重分布,使构件在外荷载作用下的内力不同于常温下的内力,受热构件所承担的外荷载比常温下小,而与其相连的构件则承担比常温下更多的外荷载。可以通过对受热构件材料的弹性模量进行修正,然后利用常温下的结构分析程序分析结构在局部火灾下外荷载作用下的内力。

工程应用时,可采用如下近似计算:

第一种情况仅考虑单一构件受火,则该构件在火灾下受各种荷载作用的内力,可按常温下相同荷载作用的内力乘受热构件的平均弹性模量与该构件常温时弹性模量的比值加以折减。这一方法由于没有考虑受火构件相邻构件升温造成的刚度降低,会使受火构件荷载作用内力的折减偏大,或计算荷载作用内力偏小。

第二种情况考虑建筑一个区域受火,考虑构件及相邻构件均匀升温,则火灾下由荷载产生的构件内力与常温时差别不会太大,可按常温时构件内力取值。这种近似计算一般偏于安全。

由于实际建筑结构设计都已先作了常温下结构内力计算,进行结构抗火设计时,为简化计算,可以偏于安全地按上述第二种情况,确定火灾下由荷载产生的结构构件内力。

6.3.2 局部火灾下结构构件温度内力计算

由于结构构件间的相互作用,超静定结构中构件的变形都要受到与之相连的构件的约束,构件在升温时的温度内力与构件本身的刚度和构件所受约束的大小有关,而构件所受的约束又与结构形式及该构件所处位置有关。计算框架结构在局部火灾下构件的温度内力,可采用结构整体分析方法。

该方法将受火构件的温度效应等效为杆端作用力(图 6-7),将该作用力作用在与该杆端对应的结构节点上,然后按常温下的分析方法进行结构分析(分析时各构件的材料特性取构件升温后的材料特性),即可得到该构件升温对结构产生的温度内力和变形,其中受火构件的温度内力应按下式最后确定

$$N_T = N_{Te} - N_f \tag{6-9}$$

$$M_T = M_{Te} - M_{fi} \tag{6-10}$$

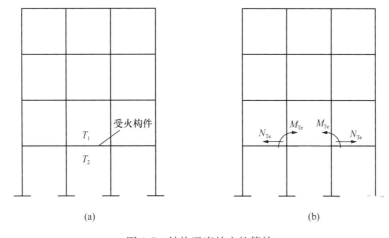

图 6-7 结构温度效应的等效
(a)构件的升温;(b)等效作用力

$$N_{Te} = \alpha_s E_T A \left(\frac{T_1 + T_2}{2} - T_0 \right) \tag{6-11}$$

$$M_{Te} = \frac{E_T I}{h} \alpha_s (T_2 - T_1) \tag{6-12}$$

式中，N_T 为受火构件的轴向温度内力（压力）；M_T 为受火构件的杆端温度弯矩（方向与图 6-7b 中 M_{Te} 方向相反）；N_f 为按等效作用力分析得到的受火构件的轴力（受拉为正）；M_{fi} 为按等效作用力分析得到的受火构件的杆端弯矩（方向与图 6-7b 中 M_{Te} 方向一致）；T_1、T_2 为受火构件两侧的温度；T_0 为受火前构件的内部温度；E_T 为温度为 $(T_1+T_2)/2$ 时构件的材料强度；A 为受火构件截面面积；I 为受火构件截面惯性矩；h 为受火构件截面高度；α_s 为构件的材料热膨胀系数。

习 题

6-1 什么是火灾下结构的极限状态？如何判断是否达到极限状态？

6-2 结构防火计算的模型有哪些？各个模型有什么特点？设计时如何进行选择？

6-3 结构防火设计的原则和方法分别是什么？

6-4 火灾下结构的荷载效应组合有什么特点？

6-5 局部火灾下结构的外力引起的荷载效应如何计算？

6-6 局部火灾下结构构件的温度内力如何计算？

第7章 结构构件耐火验算与防火保护设计

7.1 混凝土结构构件耐火验算

高温下混凝土构件的承载力当采用常温下混凝土构件承载力的计算原则和方法时,应依据截面温度场采用高温下材料强度折减系数修正钢筋和混凝土的力学性能。混凝土构件的耐火极限验算应采用特殊计算方法,对于建筑高度大于250m的工业与民用建筑、安全等级为一级的工业与民用建筑,结构的耐火极限验算应进行结构在火灾作用下的整体受力分析。建筑结构安全等级的划分应符合现行国家标准《工程结构可靠性设计统一标准》GB 50153的规定。在进行整体火灾分析时应考虑室内火灾的实际升温曲线、高温下材料性能的逐渐劣化以及构件热变形和相邻构件之间相互约束的影响。当需要全面了解混凝土构件和结构的高温行为时,应对其进行火灾条件下的非线性全过程分析。构件和结构的高温承载力随升温时间的变化情况分析,可在采用大型通用程序计算混凝土构件和结构的时变内部温度场的基础上考虑材料高温性能的时变特性,开展构件和结构的高温力学分析,再判断构件或结构的耐火设计是否满足要求。

混凝土构件的耐火极限验算也可采用常温下的承载力验算方法,但要针对等效缩减后的有效截面进行,对于普通混凝土梁、柱、板等构件,还可依据简化方法进行。

当普通混凝土构件的截面尺寸和纵向受力钢筋保护层厚度符合有关要求时,可不进行耐火极限验算。建筑钢筋混凝土构件保护层厚度大于50mm时,应在保护层中间内置钢丝网,钢丝直径不宜大于8mm,网孔间距不宜大于150mm。

7.1.1 普通混凝土构件

7.1.1.1 等效缩减截面计算方法

1) 500℃等温线法

该方法适用于标准升温条件或与标准升温条件产生的构件温度场相似的其他升温条件。当不符合此条件时,应根据构件截面温度场以及混凝土和钢筋的高温强度进行综合分析,也仅适用于构件截面宽度大于表7-1中最小截面宽度的情况,构件最小截面宽度取决于构件的耐火极限。

最小截面宽度 表7-1

最小截面宽度取决于构件耐火极限				
耐火极限(min)	60	90	120	180
最小截面宽度(mm)	90	120	160	200

本方法采用缩减的构件截面尺寸,损伤层厚度 $a_{z,500}$ 取截面受压区500℃等温线上各点距离截面边缘的平均深度。其中,温度不大于500℃的混凝土的抗压强度和弹性模量采

用常温取值，常温抗压强度采用标准值。

对于压弯截面的设计，在上述缩减截面方法的基础上，高温下混凝土截面的承载力计算可采用下述步骤：

（1）确定截面500℃等温线的位置。

（2）去掉截面上温度大于500℃的部分，得到截面的有效宽度 b_{eff} 和有效高度 h_{eff}（图7-1），等温线的圆角部分可近似处理成直角。

（3）确定受拉区和受压区钢筋的温度。单根钢筋的温度可根据钢筋中心处位置按构件矩形截面温度场简化计算方法获得；对于落在缩减后的有效截面之外的部分钢筋（图7-1），在计算该截面的高温承载力时仍需予以考虑。

（4）根据钢筋的温度和式（5-16）确定高温下的钢筋强度，确定过程中钢筋的常温强度要采用标准值。

（5）针对缩减后的有效截面以及由步骤（4）获得的钢筋强度，采用常温计算方法确定截面的高温承载力。

（6）比较并判断截面的高温承载力是否大于相应的作用效应组合。

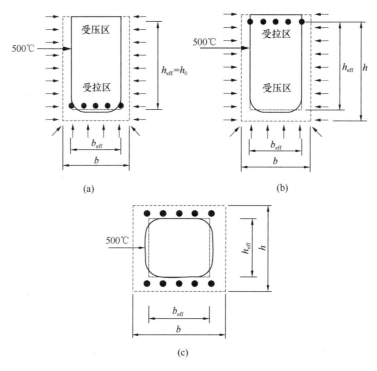

图7-1 混凝土梁和柱缩减后的有效截面
(a) 三面受火且其中一个受火面为受拉区；(b) 三面受火且其中一个受火面为受压区；
(c) 四面受火

若截面钢筋分层布置且各钢筋直径相等，可采用下述方法确定受拉区和受压区钢筋中心至缩减后的有效截面受拉区边缘和受压区边缘的距离 a_s 和 a'_s：

$$a_s = \frac{\sum a_{sj} \bar{f}_{yj}(T)}{\sum \bar{f}_{yj}(T)} \tag{7-1}$$

$$a'_s = \frac{\sum a'_{sj} \bar{f}'_{yj}(T)}{\sum \bar{f}'_{yj}(T)} \tag{7-2}$$

式中，a_{sj} 和 a'_{sj} 分别为受拉区和受压区第 j 层钢筋中心至缩减后的有效截面受拉边缘和受压边缘的距离；$\bar{f}_{yj}(T)$ 和 $\bar{f}'_{yj}(T)$ 分别为第 j 层钢筋的平均高温抗拉强度和抗压强度，采用式（7-3）、式（7-4）计算。

$$\bar{f}_{yj}(T) = \frac{\sum f_{yj}(T_i)}{n_j} \tag{7-3}$$

$$\bar{f}'_{yj}(T) = \frac{\sum f'_{yj}(T_i)}{n_j} \tag{7-4}$$

式中，$f_{yj}(T_i)$ 和 $f'_{yj}(T_i)$ 分别为温度 T_i 时第 j 层第 i 根钢筋的抗拉强度和抗压强度；n_j 为第 j 层钢筋的根数。

若截面钢筋非分层布置且各钢筋直径不等，可采用下述方法确定受拉区和受压区钢筋中心至缩减后的有效截面受拉边缘和受压区边缘的距离 a_s 和 a'_s：

$$a_s = \frac{\sum a_{si} f_{yi}(T_i) A_{si}}{\sum f_{yi}(T_i) A_{si}} \tag{7-5}$$

$$a'_s = \frac{\sum a'_{si} f'_{yi}(T_i) A'_{si}}{\sum f'_{yi}(T_i) A'_{si}} \tag{7-6}$$

式中，A_{si} 和 A'_{si} 分别为受拉区和受压区第 i 根钢筋的横截面积；a_{si} 和 a'_{si} 分别为受拉区和受压区第 i 根钢筋至缩减后的有效截面受拉边缘和受压边缘的距离。

2）300℃和800℃等温线法

高温下普通混凝土构件缩减后的有效截面也可采用下述步骤获得。

（1）确定构件截面上的 300℃ 和 800℃ 等温线。

（2）将 300℃ 和 800℃ 等温线近似化整为矩形。

（3）保留 300℃ 等温线以内的全部面积，忽略 800℃ 等温线以外的全部面积，300℃ 和 800℃ 等温线之间的部分宽度减半。

图 7-2 分别示意了构件三面受火和四面受火时，有效截面的确定。图中 b_{300} 和 h_{300} 分别为与 300℃ 等温线对应的近似矩形的宽度和高度，b_{800} 和 h_{800} 分别为与 800℃ 等温线对应的近似矩形的宽度和高度，$b_{T1} = b_{300} + 0.5(b_{800} - b_{300})$，$b_{T2} = 0.5 b_{800}$。

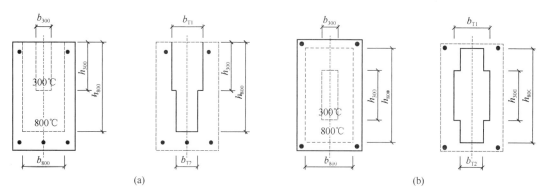

图 7-2 有效截面的确定
（a）三面受火；（b）四面受火

有效截面内混凝土的抗压强度和弹性模量采用常温取值,有效截面之外的钢筋在构件高温承载力计算时仍需予以考虑,钢筋强度按所在位置处的温度确定。在此基础上,采用常温计算方法确定截面的高温承载力。

3) 条带法

适用于标准升温条件下混凝土构件的承载力计算,高温下混凝土构件截面采用缩减后的有效截面代替,忽略构件受火面损伤层厚度 a_{z1} 或 a_{z2} 以外的部分(图 7-3 中的阴影区域)。

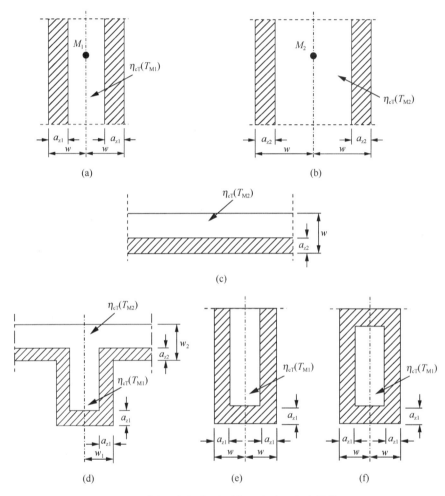

图 7-3 受火面的损伤层厚度和缩减后的有效截面
(a) 两面受火墙;(b) 两面受火厚墙;(c) 单面受火板;
(d) 三面受火梁;(e) 三面受火的墙端;(f) 四面受火柱

以厚度为 $2w$ 的相对两面受火墙为基本构件,图 7-3(a) 和图 7-3(b) 为基本参考图形,η_{cT} 为高温下混凝土抗压强度折减系数,$\eta_{cT}(T_{M2})$ 为温度 T_{M2} 下的混凝土抗压强度折减系数。对于图 7-3(c) 所示厚度为 w 的单面受火板,其受火面的损伤层厚度可近似取厚度为 $2w$ 的相对两面受火厚墙(图 7-3b)的损伤层厚度 a_{z2}。对于图 7-3(d) 所示三面受火梁的腹板和翼缘部分,其受火面的损伤层厚度可分别按图 7-3(a) 和图 7-3(b) 对应的损

伤层厚度 a_{z1} 和 a_{z2} 取值。对于截面宽度小于截面高度的矩形构件，底部或端部受火面的损伤层厚度可假设与侧向受火面的损伤层厚度 a_{z1} 一致，如图 7-3(d)～图 7-3(f) 所示。

相对两面受火墙的受火面损伤层厚度可用下列方法进行估算：

(1) 在厚度方向上将墙平分为两半，每一半划分成 n 个（$n \geqslant 3$）等宽条带（图 7-4），M 点为平分线上任意一点。

(2) 确定每个条带中线上的温度以及相应的混凝土抗压强度折减系数。对于普通混凝土和高强混凝土，计算条带中线上的混凝土抗压强度折减系数 $\eta_{cT}(T_i)(i=1,2,\cdots,n)$。

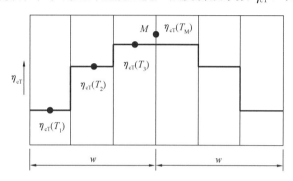

图 7-4 两面受火墙的条带划分

(3) 计算混凝土的平均抗压强度折减系数 $\overline{\eta_{cT}}$：

$$\overline{\eta_{cT}} = \frac{(1-0.2/n)}{n}\sum_{i=1}^{n}\eta_{cT}(T_i) \tag{7-7}$$

式中，n 为在 w 范围内划分的条带数；w 为两面受火墙的 1/2 厚度，对于其他构件分别代表板的厚度、单面受火墙或柱的厚度、梁的 1/2 截面宽度、相对两面受火柱的 1/2 厚度、三面受火或四面受火柱的 1/2 截面宽度。

(4) 图 7-3(a) 所示两面受火墙的损伤层厚度 a_{z1}（适用于墙、柱及梁腹板）采用式 (7-8) 确定：

$$a_{z1} = w\left[1-\left(\frac{\overline{\eta_{cT}}}{\eta_{cT}T_{M1}}\right)^{1.3}\right] \tag{7-8}$$

式中，$\eta_{cT}(T_{M1})$ 为图 7-4 中 M 点的混凝土抗压强度折减系数。

图 7-3(b) 所示两面受火厚墙的损伤层厚度 a_{z2}（适用于板及梁翼缘）采用式 (7-9) 确定：

$$a_{z2} = w\left[1-\frac{\overline{\eta_{cT}}}{\eta_{cT}(T_{M2})}\right] \tag{7-9}$$

忽略损伤层厚度 a_z 以外的部分，剩下的截面即为高温下构件缩减后的有效截面。假定有效截面内各点的混凝土抗压强度相等，且均等于平分线上 M 点（图 7-4）的混凝土抗压强度，采用常温下的承载力计算方法即可确定该有效截面的高温承载力。计算过程中，有效截面之外的部分钢筋仍需予以考虑。钢筋的常温强度以及 M 点混凝土的常温抗压强度均采用标准值。

7.1.1.2 梁的耐火验算

当梁纵向受拉钢筋配筋率 $0.5\% \leqslant \rho_t \leqslant 1.5\%$ 时，普通混凝土简支梁的耐火极限宜按式 (7-10) 计算。

$$R_T = \frac{0.86c + 19.58}{(M/M_u)^2 - 0.064(M/M_u) + 0.12}, \quad 20\text{mm} \leqslant c \leqslant 50\text{mm}, \quad 0.2 \leqslant M/M_u \leqslant 0.7$$

(7-10)

式中，R_T 为耐火极限（min）；M 为高温下按简支梁计算的梁跨中组合弯矩（kN·m）；M_u 为常温下梁跨中受弯承载力（kN·m），计算时钢筋和混凝土强度采用标准值；c 为梁纵向受拉钢筋的保护层厚度（mm）。

当普通混凝土梁的梁宽以及纵向受拉钢筋的梁底保护层厚度不小于表 7-2 的规定，且角部受拉钢筋的梁侧保护层厚度不小于表 7-3 中数值加上 10mm 时，梁的耐火极限可不进行验算。

简支梁梁宽和纵向受拉钢筋保护层厚度的最小值　　　　表 7-2

耐火极限（min）	梁宽（mm）/纵向受拉钢筋的保护层厚度（mm）			
60	120/30	160/25	200/20	300/20
90	150/45	200/35	300/30	400/25
120	200/55	240/50	300/45	500/40
180	240/70	300/60	400/55	600/50

连续梁梁宽和纵向受拉钢筋保护层厚度的最小值　　　　表 7-3

耐火极限（min）	梁宽（mm）/纵向受拉钢筋的保护层厚度（mm）			
60	120/20	—	—	—
90	150/25	250/20	—	—
120	220/35	300/25	450/25	500/20
180	240/50	400/40	550/40	600/30

注：表 7-2 和表 7-3 适用于荷载比（M/M_u）不高于 0.5 的普通混凝土梁。

7.1.1.3 柱的耐火验算

普通混凝土矩形柱、等肢异形柱的耐火极限宜按式（7-11）计算：

$$R_T = \beta_\mu \beta_L \beta_{hdb} \beta_b \beta_e \beta_\rho \tag{7-11}$$

式中，$\beta_\mu = c_1 \mu^2 + c_2 \mu + c_3$；$\beta_L = c_4 L + c_5$；$\beta_{hdb} = c_6 \left(\frac{h}{b}\right)^2 + c_7 \left(\frac{h}{b}\right) + c_8$；$\beta_b = c_9 b + c_{10}$；$\beta_e = c_{11} e^3 + c_{12} e^2 + c_{13} e + c_{14}$；$\beta_\rho = c_{15} \rho + c_{16}$；$R_T$ 为耐火极限（min）；β_μ 为考虑荷载比对柱耐火极限影响的系数；β_L 为考虑柱计算长度对柱耐火极限影响的系数；β_{hdb} 为考虑矩形柱的截面高度和宽度之比、异形柱的截面肢高与肢厚之比对柱耐火极限影响的系数；β_b 为考虑矩形柱的截面宽度、异形柱的截面肢厚对柱耐火极限影响的系数；β_e 为考虑荷载偏心率对柱耐火极限影响的系数；β_ρ 为考虑柱全截面纵向受力钢筋配筋率对柱耐火极限影响的系数；μ 为高温下组合轴向压力与该力作用点处柱常温轴向承载力之比，计算时材料强度采用标准值；L 为柱的计算长度（m），通常取常温下结构中混凝土柱的计算长度，对于框剪、框筒等结构中的柱，计算长度可取层高的 0.7 倍；h、b 为矩形柱的截面高度（m）、宽度（m），异形柱的截面肢高（m）、肢厚（m）；ρ 为全截面纵向受力钢筋配筋率；$e = e_0/r_a$ 为偏心率，其中 $e_0 = \sqrt{e_{0y}^2 + e_{0z}^2}$ 为组合轴向压力作用点至截面重心的距离，$r_a = \sqrt{I_a/A}$ 为回转半径；e_{0y} 和 e_{0z} 分别为组合轴向压力作用点至经过截面重心的 z 轴和 y 轴的距离，A 为全截面面积；a 为组合轴向压力作用点至截面重心的连线与 z 轴的夹角（以逆时针方向为正）；I_a 为相对于 z_a 轴的截面惯性矩，z_a 轴经过截面重心，且与 z 轴的夹角等于（$a+90°$），如图 7-5 所示；$c_1 \sim c_{16}$ 按表 7-4 和表 7-5 取值。

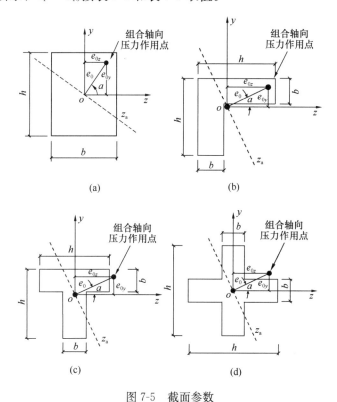

图 7-5 截面参数
（a）矩形截面；（b）L 形柱；（c）T 形柱；（d）十字形柱
注：zoy 为通过截面重心并与柱肢平行的坐标系。

矩形柱系数 $c_1 \sim c_{16}$ 的取值 表 7-4

系数	组合轴向压力作用点至截面重心的连线与 z 轴的夹角 a				
	0°	22.5°	45°	67.5°	90°
c_1	1.518	1.385	1.327	1.641	1.696
c_2	−2.690	−2.445	−2.328	−2.933	−3.225
c_3	1.355	1.231	1.167	1.490	1.693
c_4	−0.877	−0.901	−1.233	−1.141	−1.026
c_5	7.011	7.286	10.119	9.484	9.634
c_6	−0.666	−0.754	−1.046	−0.977	−0.326
c_7	3.138	3.322	4.242	3.852	3.251
c_8	2.058	1.824	1.146	0.060	−0.076
c_9	2.093	2.038	1.614	1.479	3.523
c_{10}	−0.277	−0.267	−0.209	−0.191	−0.443
c_{11}	−1.512	−1.688	−2.956	−1.532	−0.932

续表

系数	组合轴向压力作用点至截面重心的连线与 z 轴的夹角 a				
	0°	22.5°	45°	67.5°	90°
c_{12}	7.375	8.481	12.424	7.882	4.070
c_{13}	−13.285	−14.726	−18.366	−14.523	−6.727
c_{14}	23.334	25.565	31.138	29.643	11.166
c_{15}	5.547	5.859	4.656	5.880	3.920
c_{16}	1.141	1.144	0.896	1.241	1.210

异形柱系数 $c_1 \sim c_{16}$ 的取值　　　　表 7-5

系数	组合轴向压力作用点至截面重心的连线与 z 轴的夹角 a										
	L 形柱					T 形柱					十字形柱
	−45°	0°	45°	90°	135°	−90°	−45°	0°	45°	90°	0°
c_1	8.055	9.038	7.655	2.153	2.759	9.111	8.801	11.922	2.689	8.512	6.513
c_2	−14.816	−17.220	−15.939	−4.419	−5.586	−19.387	−17.195	−23.128	−5.440	−19.156	−12.149
c_3	8.143	9.615	9.592	2.566	3.163	11.302	9.822	12.883	3.076	11.757	6.423
c_4	−1.854	−1.700	−1.472	−0.950	−1.438	−0.690	−2.364	−1.517	−1.067	−1.973	−1.116
c_5	21.850	22.092	22.127	10.067	15.000	13.167	30.312	18.912	14.380	25.645	12.220
c_6	−0.178	−0.160	−0.0207	−0.234	−0.165	−0.271	−0.294	−0.217	−0.141	−0.0227	−0.398
c_7	2.307	1.813	0.215	2.556	1.863	2.460	2.978	2.366	1.460	0.217	3.897
c_8	1.005	0.593	0.182	0.578	0.248	0.986	2.339	2.937	1.794	0.0683	5.090
c_9	0.206	0.227	1.356	3.046	2.080	0.186	0.0662	0.0591	1.235	1.958	0.194
c_{10}	—	—	−0.0655	−0.189	−0.140	—	—	—	−0.0632	−0.104	−0.0117
c_{11}	−0.208	−0.233	0.747	1.278	1.226	−0.645	1.120	−0.554	−0.465	2.816	−2.315
c_{12}	1.429	1.146	−2.165	−3.504	−3.638	2.438	−1.583	3.611	1.780	−7.599	8.617
c_{13}	−2.570	−1.741	1.852	1.610	1.943	−2.793	−2.530	−6.995	−2.423	3.244	−9.750
c_{14}	8.254	7.891	8.040	3.810	5.422	9.950	11.505	17.769	7.822	5.912	12.393
c_{15}	8.356	8.730	7.789	9.101	6.950	4.393	7.307	7.119	5.653	7.150	6.886
c_{16}	1.119	1.151	1.356	1.379	1.180	1.392	1.239	1.232	1.220	1.390	1.331

当普通混凝土矩形柱的截面尺寸或圆柱截面直径，纵向受力钢筋的保护层厚度不小于表 7-6 的规定且符合以下条件时，柱的耐火极限可不进行验算。

(1) 柱的计算长度不大于 3.0m。

(2) 纵向受力钢筋的总配筋率小于 4%。

(3) 高温下组合轴向压力作用点至经过矩形柱截面重心的 z 轴的距离 $e_{0y} \leqslant 0.15h$，至经过矩形柱截面重心的 y 轴的距离 $e_{0z} \leqslant 0.15b$，如图 7-5 所示；或高温下组合轴向压力作用点至圆柱截面重心的距离不大于截面直径的 15%。

截面尺寸（直径）和纵向受力钢筋保护层厚度的最小值　　　　表 7-6

耐火极限（min）	截面尺寸（直径）(mm) / 纵向受力钢筋的保护层厚度（mm）			
	多面受火			单面受火
	$\mu=0.15$	$\mu=0.35$	$\mu=0.50$	$\mu=0.50$
60	200/20 300/20	200/25 350/30	250/35 350/30	200/20
90	200/25 300/20	300/35 400/30	300/45 400/40	200/20
120	250/30 350/25	350/35 450/30	350/50 450/45	200/25
180	350/35 450/30 550/25	450/50 550/45 650/40	450/60 550/55 650/50	250/45 350/40 450/35
240	350/55 400/50 450/45 550/35	450/65 550/60 650/55 750/50	550/70 650/65 750/60 850/55	400/55 500/45 600/35

注：1. μ 为高温下组合轴向压力与该力作用点处柱常温轴向承载力之比；
2. 当柱的耐火极限不小于120min，纵向钢筋应至少8根且沿柱周边分散布置。

当普通混凝土异形柱的截面肢厚和肢高不小于表 7-7 的规定且符合以下条件时，异形柱的耐火极限可不进行验算。

（1）纵向受力钢筋的总配筋率小于 4%。
（2）纵向受力钢筋的保护层厚度不小于 30mm。
（3）组合轴向压力作用点至截面重心的距离与截面回转半径之比不大于 0.35。
（4）柱的计算长度不大于 3.0m。

截面肢厚和肢高的最小值　　　　表 7-7

耐火极限（min）	肢厚（mm）/肢高（mm）		
	$\mu=0.15$	$\mu=0.35$	$\mu=0.50$
60	200/400	200/400	200/400
90	200/400	200/500	200/800、250/750
120	200/400	200/650、250/500	250/1000、300/800
180	200/650、250/500	250/1000、300/750	采取特殊措施

注：μ 为组合轴向压力与该力作用点处柱常温轴向承载力之比。

当普通混凝土承重墙的墙厚以及纵向受力钢筋的保护层厚度不小于表 7-8 的规定时，墙的耐火极限可不进行验算。

墙厚和纵向受力钢筋保护层厚度的最小值　　　　表 7-8

耐火极限（min）	墙厚（mm）/纵向受力钢筋的保护层厚度（mm）			
	$\mu=0.25$		$\mu=0.50$	
	单面受火	双面受火	单面受火	双面受火
60	140/15	140/15	140/15	140/15
90	140/15	140/15	140/25	170/25
120	150/20	160/20	160/30	220/35
180	180/35	200/40	210/50	270/55
240	230/50	250/50	270/60	350/60

注：1. 对于非承重墙，最小墙厚可在第一列"单面受火"规定的基础上减少。当耐火极限不超过120min时，减少40mm；当耐火极限超过120min时，减少30mm。
2. 防火墙须符合抗冲击要求，无筋混凝土墙、钢筋混凝土承重墙和钢筋混凝土非承重墙用作防火墙时的最小墙厚分别不应小于200mm、140mm和120mm，且承重墙的纵向受力钢筋保护层厚度不应小于20mm。
3. 墙净高与墙厚比不应大于40。

7.1.1.4　楼板的耐火验算

通过对一些钢结构建筑火灾后的调查及足尺火灾试验观察发现，楼板在火灾下虽然会产生很大的变形，但楼板依靠板内钢筋网形成的薄膜作用还可继续承受荷载，楼板未发生坍塌。图 7-6 为火灾中楼板的变形情况。研究表明，楼板在大变形下产生的薄膜效应，使楼板在火灾下的承载力可比基于小挠度破坏准则的承载力高出许多。因此，考虑薄膜效应的影响，对发挥楼板的抗火潜能，降低结构抗火成本有重要意义。

普通混凝土板的四周有梁稳固支承时，可计算普通混凝土板在高温下考虑薄膜效应的承载力，并按承载力法进行耐火极限验算。

火灾下考虑薄膜效应计算普通混凝土板的承载力时，楼板应符合下列要求：

（1）楼板四周应有梁支承。
（2）当长宽比不大于2，楼板按照双向板计算；当长宽比大于2，楼板按照单向板计算。
（3）板底应布置双向钢筋网。
（4）楼板的塑性铰线模式，如图 7-7 所示。

图 7-6　火灾中楼板的变形情况

火灾下普通混凝土双向板考虑薄膜效应时的承载力 q_T 按式（7-12）计算：

$$q_T = \frac{6\times 10^{-3}}{3-2\alpha}\left\{\frac{2m_{xT}}{aL^2}+\frac{4m_{yT}}{l^2}+\frac{P_{xT}(v_{max}-v_0)}{L[\sqrt{L_T^2+(v_{max}/1000)^2}]}+\frac{2P_{yT}(1-\alpha)(v_{max}-v_0)}{l[\sqrt{l_T^2+(v_{max}/1000)^2}]}\right\}$$

(7-12)

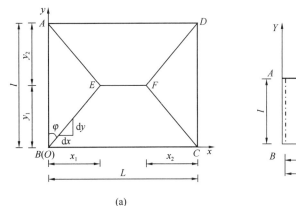
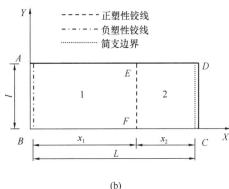

图 7-7 楼板的塑性铰线模式
(a) 双向板；(b) 单向板

式中，$v_0 = \sqrt{\dfrac{0.1 f_y}{E} \dfrac{3L^2}{8} \times 10^3}$；$\alpha = \dfrac{l^2}{2L^2} \dfrac{m_x}{m_y}\left(\sqrt{1+3\dfrac{L^2}{l^2}\dfrac{m_y}{m_x}}-1\right)$；$m_i = P_i \gamma_s h_{0i}$；$P_i = f_{yi} A_{si}$；$m_{iT} = P_{iT} \gamma_s h_{0i}$；$P_{iT} = f_{yiT} A_{si}$；$i = x, y$；$L_T$ 和 l_T 分别为考虑热膨胀效应后矩形板长边和短边尺寸，$L_T = \alpha L + \alpha_c(T_c - T_0)\alpha L$，$l_T = l/2 + \alpha_c(T_c - T_0)l/2$；$q_T$ 为火灾下普通钢筋混凝土板考虑薄膜效应时能承受的均布荷载（kN/m²）；L 和 l 分别为矩形板的长边和短边尺寸（m）；v_0 为楼板形成塑性铰线模式时的挠度值（m）；v_{max} 分别为高温下楼板允许达到的最大挠度（mm），当无明确要求时，建议取短边跨度的 1/20；m_x、m_y 分别为常温下塑性铰线处 x、y 两个方向的单位宽度截面抵抗弯矩（N·mm）；P_x、P_y 分别为常温下塑性铰线处 x、y 两个方向单位宽度的钢筋拉力（N）；m_{xT}、m_{yT} 分别为高温下塑性铰线处 x、y 两个方向单位宽度的截面抵抗弯矩（N·mm）；A_{sx}、A_{sy} 分别为楼板在 x、y 两个方向单位宽度上的配筋面积（mm²）；P_{xT}、P_{yT} 分别为高温下塑性铰线处 x、y 两个方向单位宽度的钢筋拉力（N）；f_{yx}、f_{yy} 分别为板底 x、y 两个方向钢筋在常温下的屈服强度标准值（N/mm²）；f_{yxT}、f_{yyT} 分别为板底 x、y 两个方向钢筋在高温下的屈服强度标准值（N/mm²），可按高温下屈服强度折减系数进行确定；E 为常温下钢筋的弹性模量（N/mm²）；T_c 为混凝土的平均温升（℃），按表 7-10 取值；T_0 为初始温度，一般取室温，在无具体要求时可取 20℃计算；γ_s 为钢筋合力点到混凝土受压合力点的距离系数，一般取 0.85～0.90；h_{0x}、h_{0y} 分别为楼板在 x、y 两个方向上截面的有效高度（mm）；α_c 为混凝土的平均热膨胀系数（1/℃），一般取值为 $(6\sim20)\times10^{-6}$/℃。

火灾下普通混凝土单向板考虑薄膜效应时的承载力 q_T 按照式（7-13）计算。

$$q_T = \dfrac{2\times 10^{-3}}{L}\left[\left(\dfrac{m_{xT}}{x_1}+\dfrac{m_{xT}}{x_2}\right)+\dfrac{P_{xT}(v_{max}-v_0)}{\sqrt{x_{1T}^2+(v_{max}/1000)^2}}+\dfrac{P_{xT}(v_{max}-v_0)}{\sqrt{x_{2T}^2+(v_{max}/1000)^2}}\right] \quad (7-13)$$

式中，$x_{1T} = x_1 + \alpha_c(T_c-T_0)x_1$；$x_{2T} = x_2 + \alpha_c(T_c-T_0)x_2$；$x_{1T}$、$x_{2T}$ 分别为高温下混凝土单向板考虑热膨胀效应之后的板块长度（m）；x_1、x_2 分别为常温下混凝土单向板被塑性铰线分隔的板块长度（m），具体如图 7-7(b) 所示。

楼板下部受力钢筋在不同受火时间时的温度值，按表 7-9 取值。

标准火灾下楼板下部受力钢筋的温度值（℃）　　　　　　　　　　　表 7-9

受火时间 t (min)	混凝土保护层厚度 d (mm)										
	10	15	20	25	30	35	40	45	50	55	60
30	417	349	293	248	209	178	150	128	109	93	79
60	618	546	474	420	371	331	295	265	238	215	195
90	734	657	589	533	482	439	400	367	337	312	288
120	815	741	674	618	566	522	481	447	415	388	363

标准火灾下楼板混凝土的平均温升，按表 7-10 取值。

标准火灾下楼板混凝土的平均温升 T_c（℃）　　　　　　　　　　　表 7-10

受火时间 t (min)	板厚 h (mm)			
	80	100	120	150
30	116	51	44	28
60	249	150	112	66
90	350	236	180	114
120	424	304	239	160

当普通混凝土板的板厚以及纵向受拉钢筋的保护层厚度不小于表 7-11 的规定时，板的耐火极限可不进行验算。

板厚和纵向受拉钢筋保护层厚度的最小值　　　　　　　　　　　表 7-11

耐火极限 (min)	板厚 (mm)	纵向受拉钢筋的保护层厚度 (mm)		
		单向板	双向板	
			$l_y/l_x \leqslant 2.0$	$2.0 < l_y/l_x \leqslant 3.0$
60	80	20	15	15
	100	15		
	120	15		
	150	15		
90	100	20	15	20
	120	15		15
	150	15		15
120	100	30	30	30
	120	25	20	20
	150	20	20	20

注：1. l_y 和 l_x 分别为双向板的长跨和短跨，双向板应为四边支撑情况，否则，按单向板考虑；
　　2. 纵向受拉钢筋的保护层厚度与钢筋半径之和大于 0.2 倍板厚时，需计算校核裂缝宽度，必要时应配置附加钢筋。

按简支边或非受力边设计的普通钢筋混凝土板,当与混凝土梁、墙整体浇筑时,板面构造钢筋从混凝土梁边、柱边、墙边伸入板内的长度不宜小于 $l_0/3$;当嵌固在砌体墙内时,砌体墙支座处板面构造钢筋伸入板内的长度不宜小于 $l_0/5$。其中,计算跨度 l_0 对单向板按受力方向考虑,对双向板按短边方向考虑。普通混凝土连续板简支边的板面构造钢筋长度应符合上述的规定,支座负弯矩钢筋向跨内延伸的长度不宜小于 $l_0/3$,且单位宽度内应至少有 2 根钢筋通长布置。普通混凝土连续板常温下支座处的负弯矩调幅系数不宜大于 0.15;当大于 0.15 时,连续板的每一跨均应按简支板考虑并应符合表 7-9 的规定。焊接式钢筋桁架楼承板的耐火极限验算与防火设计,可不考虑压型钢板底模和桁架腹杆的作用及其对温度场的影响。

7.1.2 高强混凝土构件

高强混凝土构件的箍筋应采用 135°弯钩。C60～C80 高强混凝土构件宜采用下述防高温爆裂措施之一或组合。

(1) 构件表面设置钢丝网,钢丝直径不小于 2mm,网孔不大于 50mm×50mm,钢丝网表面涂抹厚度 15mm 的水泥砂浆。

(2) 构件表面设置厚度 20mm 的非膨胀型防火涂料,或厚度 30mm 的防火板,或其他能防止高强混凝土高温爆裂的防火隔热层。

(3) 混凝土中添加不少于 $2kg/m^3$ 掺量的短切聚丙烯纤维。

高强混凝土柱和墙的高温承载力宜采用常温方法针对缩减后的有效截面计算,但损伤层厚度 a_z 按式(7-14)确定。

$$a_z = k a_{z,500} \tag{7-14}$$

式中,k 为考虑爆裂影响的增大系数,混凝土强度等级小于 C60 时,取 1.0,混凝土强度等级为 C60～C70 时,取 1.1,混凝土强度等级大于 C70 但不大于 C80 时,取 1.2,当采取高温防爆裂措施时,取 1.0;$a_{z,500}$ 为 500℃等温线上各点距离截面边缘的平均深度(mm)。

高强混凝土方形柱的耐火极限宜按式(7-15)计算。

$$R_T = (1.326 - 0.163L)\frac{\beta_b \beta_\rho}{\beta_\mu} \tag{7-15}$$

式中,R_T 为柱的耐火极限(min);L 为柱的计算长度(m),$2.0 \leqslant L \leqslant 4.0$;$\beta_b$ 为考虑柱全截面纵向受力钢筋配筋率对柱耐火极限影响的系数;β_μ 为考虑荷载比对柱耐火极限影响的系数;β_b、β_ρ 和 β_μ 可按表 7-12 计算。

当高强混凝土构件采取防高温爆裂措施时,且保护层厚度符合普通混凝土构件可不进行验算的条件时,高强混凝土构件的耐性极限也可不进行验算。当高强混凝土柱未采取可靠的防高温爆裂措施时,纵向受力钢筋的保护层最小厚度应调整为 $(kc_{min}+2)$mm,矩形柱最小截面尺寸和圆柱最小直径应增大 $[2c_{min}(k-1)+4]$mm。其中,c_{min} 为纵向受力钢筋保护层厚度的最小值。

7.1.3 预应力混凝土构件

高温下预应力混凝土构件的承载力计算可采用常温下预应力混凝土构件的计算原则和方法,但应依据截面温度场采用高温下折减系数修正普通钢筋、预应力钢筋和混凝土的力学性能。

对含水率超过 3.5%的预应力混凝土梁、板、柱等构件,应采取防高温爆裂措施,也可在受力钢筋外侧的混凝土保护层内配置钢筋网,且钢筋网的钢筋直径不宜小于6mm,网格边长不宜大于150mm,钢筋网外层钢筋的混凝土保护层厚度不应小于现行国家标准《混凝土结构设计标准》GB/T 50010要求的保护层厚度。

β_b、β_ρ 和 β_μ 的计算公式　　　　　表 7-12

e_0/b	β_b ($300mm \leqslant b \leqslant 700mm$)	β_ρ ($1.0\% \leqslant \rho \leqslant 2.5\%$)	β_μ ($0.2 \leqslant \mu \leqslant 0.6$)
0	$\beta_b = 6.823 \times 10^{-5} b^2 + 0.029b - 7.101$	$\beta_\rho = 4.300\rho + 23.549$	$\beta_\mu = 43.875\mu^2 - 20.523\mu + 3.31$
0.1	$\beta_b = 6.303 \times 10^{-4} b^2 + 0.064b - 32.565$	$\beta_\rho = 23.800\rho + 39.766$	$\beta_\mu = 1862.947\mu^2 - 843.651\mu + 110.233$
0.2	$\beta_b = 2.092 \times 10^{-4} b^2 - 0.035b + 0.477$	$\beta_\rho = 92.000\rho + 67.011$	$\beta_\mu = 1925.713\mu^2 - 763.089\mu + 89.137$
0.3	$\beta_b = -1.577 \times 10^{-5} b^2 + 0.034b - 5.359$	$\beta_\rho = 99.700\rho + 2.807$	$\beta_\mu = 112.129\mu^2 - 54.390\mu + 6.959$
0.4	$\beta_b = -2.750 \times 10^{-5} b^2 + 0.047b - 7.286$	$\beta_\rho = 934.000\rho + 5.519$	$\beta_\mu = 414.868\mu^2 - 7.677\mu - 9.199$

注:e_0 为组合轴向压力作用点至柱截面重心的距离(mm);b 为柱的截面宽度(mm);ρ 为柱全截面纵向受力钢筋配筋率;μ 为高温下组合轴向压力与该力作用点处柱常温轴向承载力之比。

当后张预应力混凝土梁纵向预应力钢筋梁底和梁侧的保护层厚度不小于表 7-13 的规定时,梁的耐火极限可不进行验算。

纵向预应力钢筋梁底和梁侧的保护层厚度的最小值　　　　　表 7-13

约束条件	梁截面宽度 b (mm)	耐火极限(min)		
		60	90	120
简支	$200 \leqslant b < 300$	45mm	50mm	65mm
简支	$b \geqslant 300$	40mm	45mm	50mm
连续	$200 \leqslant b < 300$	40mm	40mm	45mm
连续	$b \geqslant 300$	40mm	40mm	40mm

注:1. 表中数值是针对火灾下荷载组合计算的高温下梁控制截面组合弯矩与该截面常温受弯承载力之比(M/M_u)为 0.6 提出的,当 $M/M_u \neq 0.6$ 时,表中最小保护层厚度可乘 $(1.7M/M_u)^{0.5}$;
2. 预应力梁中普通钢筋的保护层厚度应满足表 7-2 和表 7-3 的规定。

当后张预应力混凝土矩形柱的截面尺寸和纵向预应力钢筋的保护层厚度不小于表 7-14 的规定时,柱的耐火极限可不进行验算。

当后张预应力混凝土板的纵向预应力钢筋的保护层厚度不小于表 7-15 和表 7-16 的规定时,板的耐火极限可不进行验算。

在外荷载和预应力等效荷载共同作用下,预应力混凝土板迎火面混凝土的常温名义拉应力宜满足式(7-16)。

$$\sigma_{ct} = 1.36 f_t - 2.3 \qquad (7-16)$$

式中,σ_{ct} 为迎火面混凝土的常温名义拉应力(N/mm²);f_t 为常温下混凝土的抗拉强度,计算时取标准值(N/mm²)。

截面尺寸和纵向预应力钢筋保护层厚度的最小值　　　表 7-14

耐火极限（min）	截面尺寸（mm）/纵向预应力钢筋的保护层厚度（mm）			
	多面受火			单面受火
	$\mu=0.15$	$\mu=0.35$	$\mu=0.50$	$\mu=0.50$
60	200/25	200/36	250/46	155/25
		300/31	350/40	
90	200/31	300/45	300/53	155/25
	300/25	400/38	450/40*	
120	250/40	350/45*	350/57*	175/35
	350/35	450/40*	450/51*	
180	350/45*	350/63*	450/70*	230/55

注：1. 表中 μ 为按火灾下荷载效应组合计算的高温下柱组合轴压力与截面常温轴压承载力之比，上标"*"表示柱内纵向钢筋应不少于 8 根；
2. 预应力混凝土柱中普通钢筋的保护层厚度应满足表 7-6 的规定。

单向板纵向预应力钢筋保护层厚度的最小值　　　表 7-15

约束条件	耐火极限（min）	
	60	90
简支	25mm	30mm
连续	20mm	20mm

双向板纵向预应力钢筋保护层厚度的最小值　　　表 7-16

长边与短边之比	耐火极限（min）	
	60	90
≤1.5	20mm	20mm
1.5～2.0	25mm	30mm

注：1. 表中数值是针对板厚不小于 180mm 和按火灾下荷载效应组合计算的高温下板控制截面组合弯矩与该截面常温受弯承载力之比（M/M_u）为 0.6 提出的，板厚 h 小于 180mm 时，应将表中数值乘 $(180/h)^{0.2}$，对于 $M/M_u \neq 0.6$ 的情况，可将表中数值乘 $(1.7 M/M_u)^{0.5}$；
2. 此表主要是针对双向简支板，若双向板为四边均有支承的连续板，则按表 7-15 单向连续板取值；
3. 预应力板中普通钢筋的保护层厚度应满足表 7-11 的规定。

预应力混凝土连续梁或板第一内支座上部负弯矩钢筋伸入该支座两侧梁或板内的长度均应满足式（7-17）。

$$l_{dT} \geqslant 0.28l_0 + 23d \tag{7-17}$$

式中，l_{dT} 为负弯矩钢筋伸入第一内支座两侧梁内的长度（mm）；l_0 为与第一内支座相邻两跨的计算跨度较大值（mm）；d 为钢筋直径（mm）。

当后张预应力屋架下弦杆的截面尺寸和纵向预应力钢筋的保护层厚度不小于表 7-17 的规定时，下弦杆的耐火极限可不进行验算。

截面尺寸和纵向预应力钢筋保护层厚度的最小值　　　　表 7-17

耐火极限（min）	截面尺寸（mm）/纵向预应力钢筋的保护层厚度（mm）			
60	120/40	160/35	200/30	300/25
90	150/55	200/45	300/40	400/35

注：预应力屋架下弦杆的截面面积不应小于截面最小尺寸平方的 2 倍；普通钢筋的混凝土保护层最小厚度可比表中数值减少 5mm，但不小于现行国家标准《混凝土结构设计标准》GB/T 50010 对保护层厚度的规定。

预应力屋架的上弦杆和受压腹杆应按柱进行耐火设计，受拉腹杆可按下弦杆进行耐火设计，节点的耐火性能不应低于杆件的耐火性能。

7.2　普通钢结构构件耐火验算

为建立钢结构构件实用抗火计算与设计方法，采用如下假定：

（1）火灾下钢构件周围环境的升温时间过程采用国际标准化组织（ISO）推荐的标准升温曲线，若钢构件周围的升温不是标准升温，可采用等效曝火时间的概念，将其等效为标准火灾升温。

（2）钢构件内部的温度在各瞬时都是均匀分布的，若截面温度非均匀分布，则可在内力和截面力学参数中考虑其影响，仍假定截面温度均匀分布。

（3）钢构件为等截面构件，且防火被覆均匀分布。

（4）高温下普通结构钢的强度折减系数和高温下普通结构钢的弹性模量降低系数按 5.4 节的公式确定。

7.2.1　轴力受力钢构件

现行国家标准《钢结构设计标准》GB 50017，按 1‰构件长度的初弯曲，同时考虑残余应力的影响计算常温下轴压构件的极限承载力，并且按截面形式的不同，将轴压稳定系数 φ 归类为 a、b、c、d 四条曲线。若忽略高温作用对残余应力的影响，计算高温下轴心受压钢构件的极限承载力（或临界应力）时，可采用与常温下同样的假定和计算方法，得到高温下轴心受压构件的临界应力，如式（7-18）所示。

$$\sigma_{crT} = \frac{1}{2}\{(1+e_0)\sigma_{ET} + f_{yT} - \sqrt{[(1+e_0)\sigma_{ET} + f_{yT}]^2 - 4f_{yT}\sigma_{ET}}\} \quad (7\text{-}18)$$

式中，σ_{ET} 和 f_{yT} 分别为构件高温下的欧拉临界应力和屈服强度。

各类截面构件的初偏心率 e_0 取值如下：

a 类截面

$$e_0 = 0.152\bar{\lambda} - 0.014 \quad (7\text{-}19)$$

b 类截面

$$e_0 = 0.300\bar{\lambda} - 0.035 \quad (7\text{-}20)$$

c 类截面

$$e_0 = 0.595\bar{\lambda} - 0.094 \quad (\bar{\lambda} \leqslant 1.05) \quad (7\text{-}21)$$

$$e_0 = 0.302\bar{\lambda} + 0.216 \quad (\bar{\lambda} > 1.05) \tag{7-22}$$

d类截面

$$e_0 = 0.915\bar{\lambda} - 0.132 \quad (\bar{\lambda} \leqslant 1.05) \tag{7-23}$$

$$e_0 = 0.432\bar{\lambda} + 0.375 \quad (\bar{\lambda} > 1.05) \tag{7-24}$$

上述各式中

$$\bar{\lambda} = \frac{\lambda}{\pi}\sqrt{\frac{f_y}{E}} \tag{7-25}$$

为便于应用，将 σ_{crT}、σ_{cr} 分别表示为

$$\sigma_{crT} = \varphi_T f_{yT} \tag{7-26}$$

$$\sigma_{cr} = \varphi f_y \tag{7-27}$$

式中，φ_T、φ 分别为高温下和常温下轴压钢构件的稳定系数。

定义轴心受压构件高温下和常温下的稳定系数之比为参数 α_c，即

$$\alpha_c = \frac{\varphi_T}{\varphi} = \frac{\sigma_{crT} f_y}{\sigma_{cr} f_{yT}} = \frac{\sigma_{crT}}{\sigma_{cr} \eta_T} \tag{7-28}$$

则由式（7-18）～式（7-25）、式（7-26）～式（7-28）可计算出各类截面构件的 α_c，如表 7-18 所示。计算结果表明，各类截面构件的 α_c 差别很小，α_c 主要取决于构件的温度和构件的长细比 λ。

火灾下轴心受拉钢构件或轴心受压钢构件的强度验算可采用与常温下相似的方法，只需把钢材强度换成高温下强度即可，即按式（7-29）验算。

$$\frac{N}{A_n} \leqslant f_T \tag{7-29}$$

式中，N 为火灾下钢构件的轴拉力或轴压力设计值；A_n 为钢构件的净截面面积；f_T 为高温下钢材的强度设计值。

火灾下轴心受压钢构件的稳定性按式（7-30）和式（7-31）验算。

$$\frac{N}{\varphi_T A} \leqslant f_T \tag{7-30}$$

$$\varphi_T = \alpha_c \varphi \tag{7-31}$$

式中，N 为火灾下钢构件的轴向压力设计值；A 为钢构件的毛截面面积；φ_T 为高温下轴心受压钢构件的稳定系数；φ 为常温下轴心受压钢构件的稳定系数，应按现行国家标准《钢结构设计标准》GB 50017 的规定确定；α_c 为高温下轴心受压钢构件的稳定验算参数，应根据构件长细比和构件温度按表 7-18 确定。

式（7-30）左端项与右端项相等时，即

$$\frac{N}{\alpha_c \varphi A} = \eta_T f \tag{7-32}$$

构件达到抗火承载力极限状态，据此可确定轴心受压构件的临界温度 T_d。

高温下轴心受压钢构件的稳定验算参数 α_c 表7-18

构件材料		普通结构钢构件					
$\lambda \sqrt{f_y/235}$		≤10	50	100	150	200	250
温度（℃）	≤50	1.000	1.000	1.000	1.000	1.000	1.000
	100	0.998	0.995	0.988	0.983	0.982	0.981
	150	0.997	0.991	0.979	0.970	0.968	0.968
	200	0.995	0.986	0.968	0.955	0.952	0.951
	250	0.993	0.980	0.955	0.937	0.933	0.932
	300	0.990	0.973	0.939	0.915	0.910	0.909
	350	0.989	0.970	0.933	0.906	0.902	0.900
	400	0.991	0.977	0.947	0.926	0.922	0.920
	450	0.996	0.990	0.977	0.967	0.965	0.965
	500	1.001	1.002	1.013	1.019	1.023	1.024
	550	1.002	1.007	1.046	1.063	1.075	1.081
	600	1.002	1.007	1.050	1.069	1.082	1.088
	650	0.996	0.989	0.976	0.965	0.963	0.962
	700	0.995	0.986	0.969	0.955	0.952	0.952
	750	1.000	1.001	1.005	1.008	1.009	1.009
	800	1.000	1.000	1.000	1.000	1.000	1.000

注：1. 表中 λ 为构件的长细比，f_y 为常温下钢材强度标准值；
2. 温度不大于50℃时，α_c 可取 1.0，温度大于50℃时，表中未规定温度时的 α_c 应按线性插值方法确定。

为便于应用，将式（7-32）改写为

$$\frac{N}{\varphi A f} = \alpha_c \eta_T \tag{7-33}$$

定义式（7-33）左端项为轴心受压构件的荷载比 R，即

$$R = \frac{N}{\varphi A f} \tag{7-34}$$

则已知构件的最高温度和长细比 λ，由式（7-33）可简便地求得轴心受压构件的最大允许荷载比 R。然而，已知 R 和 λ 来求解构件的临界温度 T_d 时，由于式（7-33）为超越方程，求解不便。为此，采用数值计算，得出了各荷载比 R 及长细比 λ 下轴心受压构件的临界温度 T_d''，如表7-19所示，以方便计算与设计。

根据稳定荷载比 R' 确定的轴心受压钢构件的临界温度 T_d''（℃） 表7-19

构件材料		普通结构钢构件				
$\lambda \sqrt{f_y/235}$		≤50	100	150	200	≥250
R'	0.30	661	660	658	658	658
	0.35	640	640	640	640	640
	0.40	621	623	624	625	625
	0.45	602	608	610	611	611

续表

构件材料		普通结构钢构件				
$\lambda\sqrt{f_y/235}$		≤50	100	150	200	≥250
R'	0.50	582	590	594	596	597
	0.55	563	571	575	577	578
	0.60	544	553	556	559	560
	0.65	524	531	534	537	539
	0.70	503	507	510	512	513
	0.75	480	481	480	481	482
	0.80	456	450	443	442	441
	0.85	428	412	394	390	388
	0.90	393	362	327	318	315

注：表中 λ 为构件的长细比，f_y 为常温下钢材强度标准值。

轴心受压钢构件的临界温度 T_d，应取临界温度 T_d'、T_d'' 中的较小者。临界温度 T_d' 应根据截面强度荷载比 R 确定，R 应按式（7-35）计算；临界温度 T_d'' 应根据构件稳定荷载比 R' 和构件长细比 λ 按表 7-19 确定，R' 应按式（7-36）计算。

$$R = \frac{N}{A_n f} \quad (7-35)$$

$$R' = \frac{N}{\varphi A f} \quad (7-36)$$

式中，N 为火灾下钢构件的轴压力设计值；A 为钢构件的毛截面面积；φ 为常温下轴心受压钢构件的稳定系数；f 为钢材的强度设计值。

轴心受拉钢构件的临界温度 T_d 应根据截面强度荷载比 R 按表 7-20 确定，R 应按下式计算：

$$R = \frac{N}{A_n f} \quad (7-37)$$

式中，N 为火灾下钢构件的轴拉力设计值；A_n 为钢构件的净截面面积；f 为常温下钢材的强度设计值。

按截面强度荷载比 R 确定的钢构件的临界温度 T_d（℃） 表 7-20

R	0.30	0.35	0.40	0.45	0.50	0.55	0.60	0.65	0.70	0.75	0.80	0.85	0.90
T_d	663	641	621	601	581	562	542	523	502	481	459	435	407

7.2.2 受弯钢构件

当截面无削弱时，受弯钢构件的承载力由整体稳定控制。根据弹性理论，常用的绕强轴受弯的单轴（或双轴）对称截面钢构件的临界弯矩为

$$M_{cr} = C_1 \frac{\pi^2 EI_y}{l^2}\left[C_2 a + C_3 \beta + \sqrt{(C_2 a + C_3 \beta)^2 + \frac{I_\omega}{I_y}\left(1 + \frac{GI_t l^2}{\pi^2 EI_\omega}\right)}\right]\beta_b \quad (7-38)$$

式中，C_1、C_2、C_3 分别为与荷载有关的系数；β_b 为构件整体稳定的等效弯矩系数；β 为与构件截面形状有关的参数；a 为横向荷载作用点至截面剪力中心的距离；I_y 为构件截面绕弱

轴 y 轴的惯性矩；I_ω 为构件截面的扇性惯性矩；I_t 为构件截面的扭转惯性矩；l 为构件的跨度；E 为弹性模量；G 为剪切模量。

高温下，除了构件的材料参量 E 和 G 发生变化外，其他条件均未改变，因此式（7-38）也适于高温情况，即

$$M_{\text{crT}} = C_1 \frac{\pi^2 E_T I_y}{l^2} \left[C_2 a + C_3 \beta + \sqrt{(C_2 a + C_3 \beta)^2 + \frac{I_\omega}{I_y}\left(1 + \frac{G_T I_t l^2}{\pi^2 E_T I_\omega}\right)} \right] \beta_b \quad (7\text{-}39)$$

式中，M_{crT} 为高温下受弯构件的临界弯矩；E_T 为温度为 T_s 时的弹性模量；G_T 为温度为 T_s 时的剪切模量。

受弯构件的临界弯矩又可写成

$$M_{\text{cr}} = \varphi_b W f_y \quad (7\text{-}40)$$

$$M_{\text{crT}} = \varphi_{bT} W f_{yT} \quad (7\text{-}41)$$

式中，W 为构件的毛截面模量；φ_b、φ_{bT} 分别为常温和高温下受弯构件的整体稳定系数（基于弹性状态）；f_y、f_{yT} 分别为常温和高温下钢的屈服强度。

定义受弯构件高温下和常温下的整体稳定系数之比为参数 α_b，常温和高温下可取同样的抗力分项系数，则由式（7-40）、式（7-41）可得

$$\alpha_b = \frac{\varphi_{bT}}{\varphi_b} = \frac{M_{\text{crT}} f_y}{M_{\text{cr}} f_{yT}} \quad (7\text{-}42)$$

因高温下钢的泊松比与常温下相同，则 $G_T / E_T = G / E$，将式（7-40）、式（7-41）代入式（7-42），得

$$\alpha_b = \frac{E_T}{E} \cdot \frac{f_y}{f_{yT}} \quad (7\text{-}43)$$

根据上式即可得受弯构件高温下的稳定验算参数 α_b，具体如表 7-21 所示。

高温下受弯钢构件的稳定验算参数 α_b 表 7-21

温度（℃）	20	100	150	200	250	300	350	400	450	500	550	600	650	700	750	800
α_b	1.000	0.980	0.966	0.949	0.929	0.905	0.896	0.917	0.962	1.027	1.094	1.101	0.961	0.950	1.011	1.000

火灾下单轴受弯钢构件的强度应按式（7-44）验算。

$$\frac{M}{\gamma W_n} \leqslant f_T \quad (7\text{-}44)$$

式中，M 为火灾下钢构件最不利截面处的弯矩设计值；W_n 为钢构件最不利截面的净截面模量；γ 为截面塑性发展系数。

火灾下单轴受弯钢构件的稳定性应按式（7-45）、式（7-46）验算。

$$\frac{M}{\varphi_{bT} W} \leqslant f_T \quad (7\text{-}45)$$

$$\varphi_{bT} = \begin{cases} \alpha_b \varphi_b, & \alpha_b \varphi_b \leqslant 0.6 \\ 1.07 - \dfrac{0.282}{\alpha_b \varphi_b} \leqslant 1.0, & \alpha_b \varphi_b > 0.6 \end{cases} \quad (7\text{-}46)$$

式中，M 为火灾下钢构件的最大弯矩设计值；W 为按受压最大纤维确定的构件毛截面模量；φ_{bT} 为高温下受弯钢构件的稳定系数；φ_b 为常温下受弯钢构件的稳定系数，应按现行国家标准《钢结构设计标准》GB 50017 的规定确定，当 $\varphi_b > 0.6$ 时，φ_b 不作修正；α_b 为高温

下受弯钢构件的稳定验算参数,应按表 7-21 确定。

随着温度的升高,构件的承载力将降低,当构件承载力与其所受的弯矩相等时,此时刻构件的温度即为其临界温度,因此,受弯构件的临界温度可按式(7-47)确定。

$$\frac{M}{\varphi'_{bT}W} = \eta_T \gamma_R f \quad (7-47)$$

定义受弯构件的荷载比 R 为作用于构件上的最大弯矩和常温下构件截面的最大承载力之比,即

$$R = \frac{M}{\varphi'_b W f} \quad (7-48)$$

由式(7-48)有 $\frac{M}{Wf} = \varphi'_b R$,将其代入式(7-47)可得

$$R = \frac{\varphi'_{bT}}{\varphi'_b} \eta_T \gamma_R \quad (7-49)$$

则已知受弯构件的稳定系数 φ'_b 和荷载比 R,由式(7-49)可求得构件的临界温度 T''_d,具体如表 7-22 所示。对于其他情况,可按表 7-22 进行插值确定。

根据构件稳定荷载比 R' 确定的受弯钢构件的临界温度 T''_d(℃)　　表 7-22

构件材料		结构钢构件					
φ_b		≤0.5	0.6	0.7	0.8	0.9	1.0
R'	0.30	657	657	661	662	663	664
	0.35	640	640	641	642	642	642
	0.40	626	625	624	623	623	621
	0.45	612	610	608	606	604	601
	0.50	599	594	591	588	585	582
	0.55	581	576	572	569	566	562
	0.60	563	557	553	549	547	543
	0.65	542	536	532	528	526	523
	0.70	515	511	508	506	505	503
	0.75	482	482	483	483	482	482
	0.80	439	439	452	456	458	459
	0.85	384	384	417	426	431	434
	0.90	302	302	371	389	399	405

单轴受弯钢构件的临界温度 T_d 应取临界温度 T'_d、T''_d 中的较小者。

(1) 临界温度 T'_d 应根据截面强度荷载比 R 按表 7-20 确定,R 应按式(7-50)计算。

$$R = \frac{M}{\gamma W_n f} \quad (7-50)$$

式中,M 为火灾下钢构件最不利截面处的弯矩设计值;W_n 为钢构件最不利截面的净截面模量;γ 为截面塑性发展系数。

(2) 临界温度 T''_d 应根据构件稳定荷载比 R' 和常温下受弯构件的稳定系数 φ_b 按表 7-22 确定,R' 应按式(7-51)计算。

$$R' = \frac{M}{\varphi_b W f} \tag{7-51}$$

式中，M 为火灾下钢构件的最大弯矩设计值；W 为钢构件的毛截面模量；φ_b 为常温下受弯钢构件的稳定系数，应根据现行国家标准《钢结构设计标准》GB 50017 的规定计算。

7.2.3 压弯钢构件

压弯钢构件的承载力一般由整体稳定控制。现行国家标准《钢结构设计标准》GB 50017 将常温下压弯钢构件的整体稳定分为绕强轴弯曲和绕弱轴弯曲两种状态分别验算。考虑与现行设计标准协调，高温下压弯构件的整体稳定验算公式采用与常温下相似的形式。

当压弯构件两端的弯矩使构件产生的弯曲挠度变形相反时，构件的承载力可能不由整体稳定控制，而是由截面强度控制。因此，有必要对构件的截面强度进行验算。

火灾下拉弯或压弯钢构件的强度应按式（7-52）验算。

$$\frac{N}{A_n} \pm \frac{M_x}{\gamma_x W_{nx}} \pm \frac{M_y}{\gamma_y W_{ny}} \leqslant f_T \tag{7-52}$$

式中，M_x、M_y 分别为火灾下最不利截面处对应于强轴 x 轴和弱轴 y 轴的弯矩设计值；W_{nx}、W_{ny} 分别为对强轴和弱轴的净截面模量；γ_x、γ_y 分别为绕强轴和绕弱轴弯曲的截面塑性发展系数。

火灾下压弯钢构件绕强轴 x 轴弯曲和绕弱轴 y 轴弯曲时的稳定性应按式（7-53）～式（7-56）验算。

$$\frac{N}{\varphi_{xT} A} + \frac{\beta_{mx} M_x}{\gamma_x W_x (1 - 0.8N/N'_{ExT})} + \eta \frac{\beta_{ty} M_y}{\varphi_{byT} W_y} \leqslant f_T \tag{7-53}$$

$$N'_{ExT} = \pi^2 E_{sT} A / (1.1 \lambda_x^2) \tag{7-54}$$

$$\frac{N}{\varphi_{yT} A} + \eta \frac{\beta_{tx} M_x}{\varphi_{bxT} W_x} + \frac{\beta_{my} M_y}{\gamma_y W_y (1 - 0.8N/N'_{EyT})} \leqslant f_T \tag{7-55}$$

$$N'_{EyT} = \pi^2 E_{sT} A / (1.1 \lambda_y^2) \tag{7-56}$$

式中，N 为火灾下钢构件的轴向压力设计值；M_x、M_y 分别为火灾下所计算钢构件段范围内对强轴和弱轴的最大弯矩设计值；A 为钢构件的毛截面面积；W_x、W_y 分别为对强轴和弱轴按其最大受压纤维确定的毛截面模量；N'_{ExT}、N'_{EyT} 分别为高温下绕强轴和弱轴弯曲的参数；λ_x、λ_y 分别为对强轴和弱轴的长细比；φ_{xT}、φ_{yT} 分别为高温下轴心受压钢构件对应于强轴和弱轴失稳的稳定系数；φ_{bxT}、φ_{byT} 分别为高温下均匀弯曲受弯钢构件对应于强轴和弱轴失稳的稳定系数；η 为截面影响系数，对于闭口截面，取 0.7，对于其他截面，取 1.0；β_{mx}、β_{my} 分别为弯矩作用平面内的等效弯矩系数，应按下列规定采用（β_m 表示 β_{mx}、β_{my}）。

1) 框架柱和两端支承的构件

（1）无横向荷载作用时，取 $\beta_m = 0.65 + 0.35 M_2/M_1$，$M_1$ 和 M_2 为端弯矩，使构件产生同向曲率（无反弯点）时取同号，使构件产生反向曲率（有反弯点）时取异号，$|M_1| \geqslant |M_2|$。

（2）有端弯矩和横向荷载同时作用时，使构件产生同向曲率时，$\beta_m = 1.0$，使构件产生反向曲率时，$\beta_m = 0.85$。

（3）无端弯矩但有横向荷载作用时，$\beta_m = 1.0$。

2）悬臂构件和分析内力未考虑二阶效应的无支撑纯框架和弱支撑框架柱
$$\beta_\mathrm{m} = 1.0$$

β_{tx}、β_{ty}——弯矩作用平面外的等效弯矩系数,应按下列规定采用(β_t 表示 β_{tx}、β_{ty})。

1）弯矩作用平面外有支承的构件,应根据两相邻支承点间构件段内的荷载和能力情况确定。

（1）所考虑构件段无横向荷载作用时,$\beta_t = 0.65 + 0.35 M_2/M_1$,$M_1$ 和 M_2 为在弯矩作用平面内的端弯矩,使构件产生同向曲率（无反弯点）时取同号,使构件产生反向曲率（有反弯点）时取异号,$|M_1| \geqslant |M_2|$。

（2）所考虑构件段有端弯矩和横向荷载同时作用时,使构件产生同向曲率时,$\beta_t = 1.0$,使构件产生反向曲率时,$\beta_t = 1.0$。

（3）所考虑构件段无端弯矩但有横向荷载作用时,$\beta_t = 1.0$。

2）弯矩作用平面外为悬臂的构件,$\beta_t = 1.0$。

拉弯钢构件的临界温度 T_d,应根据截面强度荷载比 R 按表 7-20 确定,R 应按式（7-57）计算。

$$R = \frac{1}{f}\left[\frac{N}{A_n} \pm \frac{M_x}{\gamma_x W_{nx}} \pm \frac{M_y}{\gamma_y W_{ny}}\right] \tag{7-57}$$

式中,N 为火灾下钢构件的轴拉力设计值;M_x、M_y 分别为火灾下钢构件最不利截面处对应于强轴和弱轴的弯矩设计值;A_n 为钢构件最不利截面的净截面面积;W_{nx}、W_{ny} 分别为对强轴和弱轴的净截面模量;γ_x、γ_y 分别为绕强轴和绕弱弯曲的截面塑性发展系数。

压弯钢构件的临界温度 T_d 应取下列临界温度 T'_d、T''_{dx}、T''_{dy} 中的最小者。

（1）临界温度 T'_d 应根据截面强度荷载比 R 按表 7-20 确定,R 应按式（7-58）计算。

$$R = \frac{1}{f}\left[\frac{N}{A_n} \pm \frac{M_x}{\gamma_x W_{nx}} \pm \frac{M_y}{\gamma_y W_{ny}}\right] \tag{7-58}$$

式中,N 为火灾下钢构件的轴压力设计值。

（2）临界温度 T''_{dx} 应根据绕强轴 x 轴弯曲的构件稳定荷载比 R'_x 和长细比 λ_x 分别按表 7-23 确定,R'_x 应按式（7-59）计算。

$$R'_x = \frac{1}{f}\left[\frac{N}{\varphi_x A} + \frac{\beta_{mx} M_x}{\gamma_x W_x(1 - 0.8N/N'_{Ex})} + \eta\frac{\beta_{ty} M_y}{\varphi_{by} W_y}\right] \tag{7-59}$$

$$N'_{Ex} = \pi^2 E_s A/(1.1\lambda_x^2) \tag{7-60}$$

式中,M_x、M_y 分别为火灾下所计算构件段范围内对强轴和弱轴的最大弯矩设计值;W_x、W_y 分别为对强轴和弱轴的毛截面模量;N'_{Ex} 为绕强轴弯曲的参数;E_s 为常温下钢材的弹性模量;λ_x 为对强轴的长细比;φ_x 为常温下轴心受压构件对强轴失稳的稳定系数;φ_{by} 为常温下均匀弯曲受弯构件对弱轴失稳的稳定系数,应按现行国家标准《钢结构设计标准》GB 50017 的规定计算;γ_x 为绕强轴弯曲的截面塑性发展系数;η 为截面影响系数,对于闭口截面,$\eta = 0.7$,对于其他截面,$\eta = 1.0$;β_{mx} 为弯矩作用平面内的等效弯矩系数;β_{ty} 为弯矩作用平面外的等效弯矩系数。

（3）临界温度 T''_{dy} 应根据绕强轴 y 轴弯曲的构件稳定荷载比 R'_y 和长细比 λ_y 分别按

表 7-23 确定，R'_y 应按式（7-61）计算。

$$R'_y = \frac{1}{f}\left[\frac{N}{\varphi_y A} + \eta \frac{\beta_{tx} M_x}{\varphi_{bx} W_x} + \frac{\beta_{my} M_y}{\gamma_y W_y (1 - 0.8 N/N'_{Ey})}\right] \tag{7-61}$$

$$N'_{Ey} = \pi^2 E_s A / (1.1 \lambda_y^2) \tag{7-62}$$

式中，N'_{Ey} 为绕强轴弯曲的参数；λ_y 为钢构件对弱轴的长细比；φ_y 为常温下轴心受压构件对弱轴失稳的稳定系数；φ_{bx} 为常温下均匀弯曲受弯构件对强轴失稳的稳定系数，应按现行国家标准《钢结构设计标准》GB 50017 的规定计算；γ_y 为绕弱轴弯曲的截面塑性发展系数。

压弯结构钢构件按稳定荷载比 R'_x（或 R'_y）确定的临界温度 T''_{dx}（或 T''_{dy}）（℃）　表 7-23

R'_x（或R'_y）		0.30	0.35	0.40	0.45	0.50	0.55	0.60	0.65	0.70	0.75	0.80	0.85	0.90
$\lambda_x \sqrt{\frac{f_y}{235}}$ 或 $\lambda_y \sqrt{\frac{f_y}{235}}$	≤50	657	636	616	597	577	558	538	519	498	477	454	431	408
	100	648	628	610	592	573	553	533	513	491	468	443	416	390
	150	645	625	608	591	572	552	532	510	487	462	434	404	374
	≥200	643	624	607	590	571	552	531	509	486	459	430	400	370

7.2.4　钢框架梁和钢框架柱

研究表明，框架中的钢梁由于受相邻构件的约束，其抗火性能与独立钢梁的抗火性能大不相同。框架梁在火灾中的初始阶段会产生轴压力，梁的最大内力截面更易屈服。但约束梁截面的屈服并不意味着梁的破坏，梁通过增大的挠曲变形所产生的悬链线效应，仍可继续承载。此时，梁中的轴力随着温度的升高和梁挠曲变形的增大，从压力变为零，再到受拉，直至破坏。为便于应用，可偏安全地将火灾中框架梁的轴力转变为零时的状态作为其抗火设计的极限状态。

火灾下受楼板侧向约束的钢框架梁的承载力可按式（7-63）验算。

$$M \leqslant f_T W_p \tag{7-63}$$

式中，M 为火灾下钢框架梁上荷载产生的最大弯矩设计值，不考虑温度内力；W_p 为钢框架梁截面的塑性截面模量。

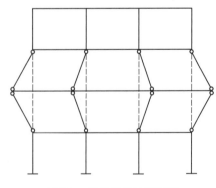

图 7-8　梁升温使柱端屈服

一般框架柱受火时，相邻框架梁也会受影响而升温膨胀使框架柱受弯。分析表明，框架柱很可能因框架梁的受火温度效应而受弯屈服，为便于框架柱抗火设计，可偏于保守地假设柱两端屈服（图 7-8），而验算火灾下框架柱绕强轴弯曲和绕弱轴弯曲的整体稳定。此时柱两端屈服，且弯曲曲率相反，可近似忽略另一弯曲方向柱端弯矩对所考虑弯曲方向整体稳定的影响，则双压压弯构件稳定验算公式可分别按下面方法进行简化。

（1）绕强轴 x 轴弯曲且柱端弯矩屈服时

绕强轴弯曲稳定：

$$\frac{N}{\varphi_{xT}A} + \frac{\beta_{mx}f_{yT}}{1-0.8N/N'_{ExT}} \leqslant f_{yT} \tag{7-64}$$

绕弱轴弯曲稳定:

$$\frac{N}{\varphi_{yT}A} + \eta\frac{\beta_{tx}f_{yT}}{\varphi'_{bxT}} \leqslant f_{yT} \tag{7-65}$$

(2) 绕弱轴 y 轴弯曲且柱端弯矩屈服时

绕强轴弯曲稳定:

$$\frac{N}{\varphi_{xT}A} + \eta\frac{\beta_{ty}f_{yT}}{\varphi'_{byT}} \leqslant f_{yT} \tag{7-66}$$

绕弱轴弯曲稳定:

$$\frac{N}{\varphi_{yT}A} + \frac{\beta_{my}f_{yT}}{1-0.8N/N'_{EyT}} \leqslant f_{yT} \tag{7-67}$$

由于框架柱的长细比一般较小,而两端反向等弯矩条件下 β_m 和 β_t 的平均值约为 0.23,则式 (7-64)～式 (7-67) 左端的第二项可近似取为 $0.3f_T$,故框架柱的抗火验算可按式 (7-68) 近似进行。

$$\frac{N}{\varphi_T A} \leqslant 0.7f_T \tag{7-68}$$

式中,N 为火灾下钢框架柱所受的轴压力设计值;A 为钢框架柱的毛截面面积;φ_T 为高温下轴心受压钢构件的稳定系数,其中钢框架柱计算长度应按柱子长度确定。

受楼板侧向约束的钢框架梁的临界温度 T_d 可根据截面强度荷载比 R 按表 7-20 确定,R 应按式 (7-69) 计算。

$$R = \frac{M}{W_p f} \tag{7-69}$$

式中,M 为钢框架梁上荷载产生的最大弯矩设计值,不考虑温度内力;W_p 为钢框架梁截面的塑性截面模量。

钢框架柱的临界温度 T_d 可根据稳定荷载比 R' 按表 7-20 确定,R' 应按式 (7-70) 计算。

$$R' = \frac{N}{0.7\varphi A f} \tag{7-70}$$

式中,N 为火灾时钢框架柱所受的轴压力设计值;A 为钢框架柱的毛截面面积;φ 为常温下轴心受压构件的稳定系数。

7.3 耐火钢结构构件耐火验算

耐火钢构件的耐火验算与普通钢构件相似,所有的强度和稳定性验算公式都适用,由于高温下耐火钢的强度和弹性模量折减系数与普通钢有差异,因此,耐火钢构件的稳定验算参数和临界温度与普通钢构件不同。主要包含高温下轴心受压耐火钢构件的稳定验算参数,高温下受弯耐火钢构件的稳定验算参数,按截面强度荷载比确定耐火钢构件的临界温度，根据稳定荷载比确定的轴心受压耐火钢构件的临界温度，压弯耐火钢构件按稳定荷载比确定的临界温度，分别如表 7-24～表 7-29 所示。

高温下轴心受压耐火钢构件的稳定验算参数 α_c　　表 7-24

	$\lambda\sqrt{f_y/235}$	≤10	50	100	150	200	250
温度（℃）	≤50	1.000	1.000	1.000	1.000	1.000	1.000
	100	0.999	0.997	0.993	0.989	0.989	0.988
	150	0.998	0.995	0.989	0.984	0.983	0.983
	200	0.998	0.994	0.987	0.980	0.979	0.979
	250	0.998	0.994	0.986	0.979	0.978	0.977
	300	0.998	0.994	0.987	0.980	0.979	0.979
	350	0.998	0.996	0.990	0.986	0.985	0.985
	400	1.000	0.999	0.998	0.997	0.996	0.996
	450	1.000	1.001	1.008	1.012	1.014	1.015
	500	1.001	1.004	1.023	1.035	1.041	1.045
	550	1.002	1.008	1.054	1.073	1.087	1.094
	600	1.004	1.014	1.105	1.136	1.164	1.179
	650	1.006	1.023	1.188	1.250	1.309	1.341
	700	1.008	1.030	1.245	1.350	1.444	1.497
	750	1.011	1.044	1.345	1.589	1.793	1.921
	800	1.012	1.050	1.378	1.722	1.970	2.149

注：1. 表中 λ 为构件的长细比，f_y 为常温下钢材强度标准值；
　　2. 温度不大于 50℃时，α_c 可取 1.0，温度大于 50℃时，表中未规定温度时的 α_c 应按线性插值方法确定。

高温下受弯耐火钢构件的稳定验算参数 α_b　　表 7-25

T（℃）	20	100	150	200	250	300	350	400	450	500	550	600	650	700	750	800
α_b	1.000	0.988	0.982	0.978	0.977	0.978	0.984	0.996	1.017	1.052	1.111	1.214	1.419	1.630	2.256	2.640

按截面强度荷载比 R 确定的耐火钢构件的临界温度 T_d（℃）　　表 7-26

R	0.30	0.35	0.40	0.45	0.50	0.55	0.60	0.65	0.70	0.75	0.80	0.85	0.90
T_d	718	706	694	679	661	641	618	590	557	517	466	401	313

根据稳定荷载比 R' 确定的轴心受压耐火钢构件的临界温度 T_d''（℃）　　表 7-27

	$\lambda\sqrt{f_y/235}$	≤50	100	150	200	≥250
R'	0.30	721	743	761	776	786
	0.35	709	727	743	758	767
	0.40	697	715	727	740	750
	0.45	682	704	713	724	732
	0.50	666	692	702	710	717
	0.55	646	678	690	699	703

续表

$\lambda\sqrt{f_y/235}$		≤50	100	150	200	≥250
R'	0.60	623	661	675	686	691
	0.65	596	638	655	669	676
	0.70	562	600	623	644	655
	0.75	521	548	567	586	596
	0.80	468	481	492	498	504
	0.85	399	397	395	393	393
	0.90	302	288	272	270	268

注：表中 λ 为构件的长细比，f_y 为常温下钢材强度标准值。

根据构件稳定荷载比 R' 确定的受弯耐火钢构件的临界温度 T''_d（℃） 表7-28

φ_b		≤0.5	0.6	0.7	0.8	0.9	1.0
R'	0.30	764	750	740	732	726	718
	0.35	748	734	724	717	712	706
	0.40	733	720	712	706	701	694
	0.45	721	709	701	694	688	679
	0.50	709	698	688	680	672	661
	0.55	699	685	673	663	653	641
	0.60	688	670	655	642	631	618
	0.65	673	650	631	615	603	590
	0.70	655	621	594	580	569	557
	0.75	625	572	547	535	526	517
	0.80	525	496	483	476	471	466
	0.85	393	393	397	399	400	400
	0.90	267	267	290	299	306	311

压弯耐火钢构件按稳定荷载比 R'_x（或 R'_y）确定的临界温度 T''_{dx}（或 T''_{dy}）（℃） 表7-29

R'_y		0.30	0.35	0.40	0.45	0.50	0.55	0.60	0.65	0.70	0.75	0.80	0.85	0.90
$\lambda_y\sqrt{\dfrac{f_y}{235}}$	≤50	717	705	692	677	660	640	616	587	553	511	459	403	347
	100	722	708	696	682	666	647	622	590	552	504	442	375	308
	150	728	714	701	688	673	655	630	598	555	502	434	360	286
	≥200	731	716	703	690	676	658	635	601	557	501	430	353	276

7.4 组合结构构件耐火验算

7.4.1 钢管混凝土柱

目前工程中最常用的钢管混凝土柱横截面形式主要是圆形和矩形。由于组成钢管混凝土的钢管和其核心混凝土之间相互贡献、协同互补、共同工作的优势，使这种结构具有较好的耐火性能。当钢管混凝土柱被应用于高层建筑或工业厂房等结构中时，对其进行合理的抗火设计是非常重要和必要的。

符合下列条件的实心矩形和圆形钢管混凝土柱，按本节方法进行耐火验算与防火保护设计。

（1）钢管采用 Q235、Q355、Q390 和 Q420 钢，混凝土强度等级为 C30～C80，且含钢率 A_s/A_c 为 0.04～0.20。

（2）柱长细比 λ 为 10～60。

（3）圆钢管混凝土柱的截面外直径为 200～1400m，荷载偏心率 e/r 为 0～3.0（e 为荷载偏心距，r 为钢管截面外半径）；矩形钢管混凝土柱的截面短边长度为 200～1400mm，荷载偏心率 e/r 为 0～3.0（e 为荷载偏心距，r 为荷载偏心方向边长的一半）。

钢管混凝土柱应根据其荷载比 R、火灾下的承载力系数 k_T 采取防火保护措施。荷载比 R 应和圆钢管混凝土柱、矩形钢管混凝土柱火灾下的承载力系数 k_T 分别按后面的规定计算，且应符合下列规定。

（1）当 $R < 0.75 k_T$ 时，可不采取防火保护措施。

（2）当 $R \geqslant 0.75 k_T$ 时，应采取防火保护措施。

钢管混凝土柱的荷载比按式（7-71）计算。

$$R = \frac{N}{N^*} \tag{7-71}$$

式中，R 为钢管混凝土柱的荷载比；N 为火灾下钢管混凝土柱的轴压力设计值；N^* 为常温下钢管混凝土柱的抗压承载力设计值。

常温下圆钢管混凝土柱的抗压承载力设计值 N^*，当 $M/M_u \leqslant 1$ 时，应按式（7-72）计算确定；当 $M/M_u > 1$ 时，应按式（7-72）～式（7-83）计算确定。

$$\begin{cases} \dfrac{N^*}{\varphi N_u} + \dfrac{1-2\varphi^2\eta_0}{1-0.4N^*/N_E} \cdot \dfrac{\beta_m M}{M_u} = 1 \\ 2\varphi^3 \eta_0 \leqslant \dfrac{N^*}{N_u} \leqslant 1 \end{cases} \tag{7-72}$$

$$\begin{cases} \dfrac{0.18}{\varphi^3 \eta_0^2}\left(\dfrac{A_s f}{A_c f_c}\right)^{-1.15} \dfrac{N^{*2}}{N_u^2} - \dfrac{0.36}{\eta_0}\left(\dfrac{A_s f}{A_c f_c}\right)^{-1.15} \dfrac{N^*}{N_u} + \dfrac{1}{1-0.4N^*/N_E} \cdot \dfrac{\beta_m M}{M_u} = 1 \\ \varphi^3 \eta_0 \leqslant \dfrac{N^*}{N_u} < 2\varphi^3 \eta_0 \end{cases}$$

$$\tag{7-73}$$

其中

$$N_u = \left(1.14 + 1.02\dfrac{A_s f}{A_c f_c}\right)(A_s + A_c)f_c \tag{7-74}$$

$$M_u = \left(1.14 + 1.02\dfrac{A_s f}{A_c f_c}\right)\left[1.1 + 0.48\ln\left(\dfrac{A_s f_y}{A_c f_c} + 0.1\right)\right]W_{sc} f_c \tag{7-75}$$

$$N_E = \dfrac{\pi^2(E_s A_s + E_c A_c)}{\lambda^2} \tag{7-76}$$

$$\eta_0 = \begin{cases} 0.5 - 0.245\dfrac{A_s f_y}{A_c f_{ck}}, & \dfrac{A_s f_y}{A_c f_{ck}} \leqslant 0.4 \\ 0.1 + 0.14\left(\dfrac{A_s f_y}{A_c f_{ck}}\right)^{-0.84}, & \dfrac{A_s f_y}{A_c f_{ck}} > 0.4 \end{cases} \tag{7-77}$$

$$\varphi = \begin{cases} 1, & \lambda \leqslant \lambda_0 \\ 1 + a(\lambda^2 - 2\lambda_p\lambda + 2\lambda_p\lambda_0 - \lambda_0^2) - \dfrac{b(\lambda - \lambda_0)}{(\lambda_p + 35)^3}, & \lambda_0 < \lambda \leqslant \lambda_p \\ \dfrac{b}{(\lambda + 35)^2}, & \lambda > \lambda_p \end{cases} \quad (7\text{-}78)$$

$$a = \frac{(\lambda_p + 35)^3 - b(35 + 2\lambda_p - \lambda_0)}{(\lambda_p - \lambda_0)^2 (\lambda_p + 35)^3} \quad (7\text{-}79)$$

$$b = \left(13000 + 4657\ln\frac{235}{f_y}\right)\left(\frac{25}{f_{ck} + 5}\right)^{0.3}\left(\frac{10A_s}{A_c}\right)^{0.05} \quad (7\text{-}80)$$

$$\lambda = \frac{4l_0}{D} \quad (7\text{-}81)$$

$$\lambda_p = \frac{1743}{\sqrt{f_y}} \quad (7\text{-}82)$$

$$\lambda_0 = \pi\sqrt{\frac{1}{f_{ck}} \times \frac{420\dfrac{A_s f_y}{A_c f_{ck}} + 550}{1.02\dfrac{A_s f_y}{A_c f_{ck}} + 1.14}} \quad (7\text{-}83)$$

式中，N^* 为常温下钢管混凝土柱的抗压承载力设计值；M 为常温下所计算构件段范围内的最不利组合下的弯矩值；N_u 为常温下轴心受压钢管混凝土短柱的抗压承载力设计值；N_E 为欧拉临界力；M_u 为常温下钢管混凝土柱受纯弯时的抗弯承载力设计值；f 为常温下钢材的强度设计值；f_y 为常温下钢材的屈服强度；f_c 为常温下混凝土的轴心抗压强度设计值；f_{ck} 为常温下混凝土的轴心抗压强度标准值；A_c 为钢管混凝土柱中混凝土的截面面积；A_s 为钢管混凝土柱中钢管的截面面积；E_c 为常温下混凝土的弹性模量；E_s 为常温下钢材的弹性模量；D 为截面高度，取柱截面外直径；l_0 为计算长度；W_{sc} 为截面抗弯模量，取柱截面外直径计算；a、b、η_0 分别为计算参数；β_m 为等效弯矩系数，按现行国家标准《钢结构设计标准》GB 50017 确定；φ 为轴心受压稳定系数；λ 为长细比；λ_p 为弹性失稳的界限长细比；λ_0 为弹塑性失稳的界限长细比。

常温下矩形钢管混凝土柱的抗压承载力设计值 N^*，应取其平面外和平面内失稳承载力的较小值。其中，平面外失稳承载力应按式（7-84）计算确定；当 $M/M_u \leqslant 1$ 时，平面内失稳承载力应按式（7-85）计算确定；当 $M/M_u > 1$ 时，平面内失稳承载力应按式（7-86）计算确定。

$$\frac{N^*}{\varphi N_u} + \frac{\beta_m M}{1.4 M_u} = 1 \quad (7\text{-}84)$$

$$\begin{cases} \dfrac{N^*}{\varphi N_u} + \dfrac{1 - 2\varphi^2\eta_0}{1 - 0.4 N^*/N_E} \cdot \dfrac{\beta_m M}{M_u} = 1 \\ 2\varphi^3\eta_0 \leqslant \dfrac{N^*}{N_u} \leqslant 1 \end{cases} \quad (7\text{-}85)$$

$$\begin{cases} \dfrac{0.14}{\varphi^3\eta_0^2}\left(\dfrac{A_s f_y}{A_c f_{ck}}\right)^{-1.3}\dfrac{N^{*2}}{N_u^2} - \dfrac{0.28}{\eta_0}\left(\dfrac{A_s f_y}{A_c f_{ck}}\right)^{-1.3}\dfrac{N^*}{N_u} + \dfrac{1}{1 - 0.25 N^*/N_E} \cdot \dfrac{\beta_m M}{M_u} - 1 \\ \varphi^3\eta_0 \leqslant \dfrac{N^*}{N_u} < 2\varphi^3\eta_0 \end{cases}$$

$$(7\text{-}86)$$

其中

$$N_u = \left(1.18 + 0.85 \frac{A_s f}{A_c f_c}\right)(A_s + A_c)f_c \tag{7-87}$$

$$M_u = \left[1.04 + 0.48\ln\left(\frac{A_s f_y}{A_c f_{ck}} + 0.1\right)\right]\left(1.18 + 0.85 \frac{A_s f}{A_c f_c}\right)W_{sc} f_c \tag{7-88}$$

$$N_E = \frac{\pi^2(E_s A_s + E_c A_c)}{\lambda^2} \tag{7-89}$$

$$\eta_0 = \begin{cases} 0.5 - 0.318 \dfrac{A_s f_y}{A_c f_{ck}}, & \dfrac{A_s f_y}{A_c f_{ck}} \leqslant 0.4 \\ 0.1 + 0.13 \left(\dfrac{A_s f_y}{A_c f_{ck}}\right)^{-0.81}, & \dfrac{A_s f_y}{A_c f_{ck}} > 0.4 \end{cases} \tag{7-90}$$

$$\varphi = \begin{cases} 1, & \lambda \leqslant \lambda_0 \\ 1 + a(\lambda^2 - 2\lambda_p \lambda + 2\lambda_p \lambda_0 - \lambda_0^2) - \dfrac{b(\lambda - \lambda_0)}{(\lambda_p + 35)^3}, & \lambda_0 < \lambda \leqslant \lambda_p \\ \dfrac{b}{(\lambda + 35)^2}, & \lambda > \lambda_p \end{cases} \tag{7-91}$$

$$a = \frac{(\lambda_p + 35)^3 - b(35 + 2\lambda_p - \lambda_0)}{(\lambda_p - \lambda_0)^2 (\lambda_p + 35)^3} \tag{7-92}$$

$$b = \left(13500 + 4810\ln \frac{235}{f_y}\right)\left(\frac{25}{f_{ck} + 5}\right)^{0.3}\left(\frac{10A_s}{A_c}\right)^{0.05} \tag{7-93}$$

$$\lambda = \frac{2\sqrt{3}l_0}{D} \tag{7-94}$$

$$\lambda_p = \frac{1811}{\sqrt{f_y}} \tag{7-95}$$

$$\lambda_0 = \pi \sqrt{\frac{1}{f_{ck}} \times \frac{220 \dfrac{A_s f_y}{A_c f_{ck}} + 450}{0.85 \dfrac{A_s f_y}{A_c f_{ck}} + 1.18}} \tag{7-96}$$

式中，D 为截面高度，当弯矩作用于截面强轴方向时，取柱截面长边长度，当弯矩作用于截面弱轴方向时，取柱短边长度；W_{sc} 为弯矩作用平面内的截面抗弯模量，取柱截面外边尺寸计算。

标准火灾下受火时间不大于 3.0h 的无防火保护圆钢管混凝土柱，其火灾下的承载力系数 k_T 可按式（7-97）计算，也可按附录 2 查表确定；对于非标准火灾，式（7-97）中的受火时间 t 应取等效曝火时间。

$$k_T = \begin{cases} \dfrac{1}{1 + at_0^{2.5}}, & t_0 \leqslant t_1 \\ \dfrac{1}{1 + at_1^{2.5} + b(t_0 - t_1)}, & t_1 < t_0 \leqslant t_2 \\ \dfrac{1}{1 + at_1^{2.5} + b(t_2 - t_1)} + k(t_0 - t_2), & t_0 > t_2 \end{cases} \tag{7-97}$$

其中

$$a = (-0.13\bar{\lambda}^3 + 0.92\bar{\lambda}^2 - 0.39\bar{\lambda} + 0.74) \times (-2.85\bar{C} + 19.45) \quad (7\text{-}98)$$

$$b = (-1.59\bar{\lambda}^2 + 13.0\bar{\lambda} - 3.0)\bar{C}^{-0.46} \quad (7\text{-}99)$$

$$k = (-0.1\bar{\lambda}^2 + 1.36\bar{\lambda} + 0.04) \times (0.0034\bar{C}^3 - 0.0465\bar{C}^2 + 0.21\bar{C} - 0.33)$$
$$(7\text{-}100)$$

$$t_1 = (-0.0131\bar{\lambda}^3 + 0.17\bar{\lambda}^2 - 0.72\bar{\lambda} + 1.49) \times (0.0072\bar{C}^2 - 0.02\bar{C} + 0.27)$$
$$(7\text{-}101)$$

$$t_2 = (0.007\bar{\lambda}^3 + 0.209\bar{\lambda}^2 - 1.035\bar{\lambda} + 1.868) \times (0.006\bar{C}^2 - 0.009\bar{C} + 0.362)$$
$$(7\text{-}102)$$

$$t_0 = \frac{3t}{5} \quad (7\text{-}103)$$

$$\bar{\lambda} = \frac{\lambda}{40} \quad (7\text{-}104)$$

$$\bar{C} = \frac{C}{400\pi} \quad (7\text{-}105)$$

式中，k_T 为火灾下钢管混凝土柱的承载力系数；t 为受火时间（h）；C 为钢管混凝土柱截面周长（mm）；λ 为长细比；a、b、k、t_1、t_2、t_0、$\bar{\lambda}$、$\bar{C}$ 分别为计算参数。

标准火灾下受火时间不大于 3.0h 的无防火保护矩形钢管混凝土柱，其火灾下的承载力系数 k_T 可按式（7-106）计算，也可按附录 2 查表确定；对于非标准火灾，式（7-106）中的受火时间 t 应取等效曝火时间。

$$k_T = \begin{cases} \dfrac{1}{1 + at_0^2}, & t_0 \leqslant t_1 \\ \dfrac{1}{bt_0^2 + 1 + (a-b)t_1^2}, & t_1 < t_0 \leqslant t_2 \\ \dfrac{1}{bt_2^2 + 1 + (a-b)t_1^2} + k(t_0 - t_2), & t_0 > t_2 \end{cases} \quad (7\text{-}106)$$

其中

$$a = (0.015\bar{\lambda}^2 - 0.025\bar{\lambda} + 1.04) \times (-2.56\bar{C} + 16.08) \quad (7\text{-}107)$$

$$b = (-0.19\bar{\lambda}^3 + 1.48\bar{\lambda}^2 - 0.95\bar{\lambda} + 0.86) \times (-0.19\bar{C}^2 + 0.15\bar{C} + 9.05) \quad (7\text{-}108)$$

$$k = 0.042(\bar{\lambda}^3 - 3.08\bar{\lambda}^2 - 0.21\bar{\lambda} + 0.23) \quad (7\text{-}109)$$

$$t_1 = 0.38(0.02\bar{\lambda}^3 - 0.13\bar{\lambda}^2 + 0.05\bar{\lambda} + 0.95) \quad (7\text{-}110)$$

$$t_2 = (0.03\bar{\lambda}^2 - 0.29\bar{\lambda} + 1.21) \times (0.022\bar{C}^2 - 0.105\bar{C} + 0.696) \quad (7\text{-}111)$$

$$t_0 = \frac{3t}{5} \quad (7\text{-}112)$$

$$\bar{\lambda} = \frac{\lambda}{40} \quad (7\text{-}113)$$

$$\bar{C} = \frac{C}{1600} \quad (7\text{-}114)$$

标准火灾下受火时间不大于3.0h的圆钢管混凝土柱,其防火保护层的设计厚度可按式（7-115）～式（7-118）计算,也可按附录3查表确定；对于非标准火灾,公式中的受火时间t应取等效曝火时间。

（1）当防火保护层采用金属网抹M5水泥砂浆时,防火保护层的设计厚度应按式（7-115）和式（7-116）计算。

$$d_i = k_{LR}(135 - 1.12\lambda)(1.85t - 0.5t^2 + 0.07t^3)C^{0.0045\lambda - 0.396} \qquad (7\text{-}115)$$

$$k_{LR} = \begin{cases} \dfrac{R - k_T}{0.77 - k_T}, & R < 0.77 \\ \dfrac{1}{3.618 - 0.15t - (3.4 - 0.2t)R}, & R \geqslant 0.77 \text{ 且 } k_T < 0.77 \\ (2.5t + 2.3)\dfrac{R - k_T}{1 - k_T}, & k_T \geqslant 0.77 \end{cases} \qquad (7\text{-}116)$$

（2）当防火保护层采用非膨胀型钢结构防火涂料时,防火保护层的设计厚度应按式（7-117）和式（7-118）计算。

$$d_i = k_{LR}(19.2t + 9.6)C^{0.0019\lambda - 0.28} \qquad (7\text{-}117)$$

$$k_{LR} = \begin{cases} \dfrac{R - k_T}{0.77 - k_T}, & R < 0.77 \\ \dfrac{1}{3.695 - 3.5R}, & R \geqslant 0.77 \text{ 且 } k_T < 0.77 \\ 7.2t\dfrac{R - k_T}{1 - k_T}, & k_T \geqslant 0.77 \end{cases} \qquad (7\text{-}118)$$

式中,d_i为防火保护层厚度（mm）；k_T为钢管混凝土柱火灾下的承载力系数；R为荷载比；t为受火时间（h）；C为钢管混凝土柱截面周长（mm）；λ为长细比；k_{LR}为计算参数,当计算值大于1.0时,取$k_{LR}=1.0$,当计算值小于0时,取$k_{LR}=0$。

标准火灾下受火时间不大于3.0h的矩形钢管混凝土柱,其防火保护层的设计厚度可按式（7-119）～式（7-122）计算,也可按附录3查表确定；对于非标准火灾,公式中的受火时间t应取等效曝火时间。

（1）当防火保护层采用金属网抹M5水泥砂浆时,防火保护层的设计厚度可按式（7-119）和式（7-120）计算。

$$d_i = k_{LR}(220.8t + 123.8)C^{3.25 \times 10^{-4}\lambda - 0.3075} \qquad (7\text{-}119)$$

$$k_{LR} = \begin{cases} \dfrac{R - k_T}{0.77 - k_T}, & R < 0.77 \\ \dfrac{1}{3.464 - 0.15t - (3.2 - 0.2t)R}, & R \geqslant 0.77 \text{ 且 } k_T < 0.77 \\ 5.7t\dfrac{R - k_T}{1 - k_T}, & k_T \geqslant 0.77 \end{cases} \qquad (7\text{-}120)$$

（2）当防火保护层采用非膨胀型钢结构防火涂料时,防火保护层的设计厚度可按式（7-121）和式（7-122）计算。

$$d_i = k_{LR}(149.6t + 22)C^{2 \times 10^{-5}\lambda^2 - 0.0017\lambda - 0.42} \qquad (7\text{-}121)$$

$$k_{LR} = \begin{cases} \dfrac{R-k_T}{0.77-k_T}, & R < 0.77 \\ \dfrac{1}{3.695-3.5R}, & R \geqslant 0.77 \text{ 且 } k_T < 0.77 \\ 10t\dfrac{R-k_T}{1-k_T}, & k_T \geqslant 0.77 \end{cases} \quad (7\text{-}122)$$

钢管混凝土柱应在每个楼层设置直径为20mm的排气孔。排气孔宜在柱与楼板相交位置的上、下方100mm处各布置1个，并应沿柱身反对称布置。当楼层高度大于6m时，应增设排气孔，且排气孔沿柱高度方向间距不宜大于6m。

7.4.2 型钢混凝土柱

型钢混凝土（也称劲性混凝土）柱由于内部钢骨（如工字钢、钢管等）与外包混凝土形成整体，其受力性能优于钢和混凝土的简单叠加。型钢混凝土柱在建筑工程中应用广泛，对其进行合理的抗火设计是至关重要的。

当型钢混凝土梁的截面周长为1200~3200mm，截面高宽比为1.5~3.0时，梁的耐火极限宜按式（7-123）计算。

$$R_T = 300\left[(2.04C_0 - 0.23)\left(\dfrac{1}{M/M_u}-1\right)\right]^{\frac{1}{1.05-1.19C_0+0.09C_0^2}} \quad (7\text{-}123)$$

$$C_0 = C/2400 \quad (7\text{-}124)$$

式中，R_T为耐火极限（min），且$R_T \leqslant 150$min；M为高温下按简支梁计算的梁跨中组合弯矩（kN·m）；M_u为常温下梁跨中受弯承载力（kN·m），材料强度采用标准值；C为梁的截面周长（mm）。

当型钢混凝土柱的截面周长为1200~8000mm，截面型钢含钢率为0.04~0.15，柱长细比为10~120时，柱的耐火极限宜按式（7-125）计算：

$$R_T = (3657\alpha_c + 146.5)\left[A\left(\dfrac{1}{\mu}-1\right)\right]^B \quad (7\text{-}125)$$

$$A = \dfrac{1.24C_0 - 0.21}{9.9 - 9.27\exp(-1.71\lambda_0^{2.33})} \quad (7\text{-}126)$$

$$B = \dfrac{-2.06C_0^2 + 17.83C_0 + 1}{[1.01 - 0.23\exp(-2.86\lambda_0^{1.42})](10.56C_0 + 5.85)} \quad (7\text{-}127)$$

$$C_0 = C/2400 \quad (7\text{-}128)$$

$$\lambda_0 = \lambda/100 \quad (7\text{-}129)$$

$$\alpha_c = A_s/A_c \quad (7\text{-}130)$$

式中，R_T为耐火极限（min），且$R_T \leqslant 180$min；α_c为柱截面的型钢含钢率；μ为高温下组合轴向压力与该力作用点处柱常温轴向承载力之比，其中后者可按《组合结构设计规范》JGJ 138—2016的规定计算，材料强度采用标准值；C为柱的截面周长（mm）；λ为柱的长细比，绕强轴弯曲时$\lambda = 2\sqrt{3}L/h$，绕弱轴弯曲时$\lambda = 2\sqrt{3}L/b$，L为柱的计算长度，h和b分别为柱的截面高度和宽度；A_s为型钢截面面积（mm²）；A_c为混凝土截面面积（mm²）。

7.4.3 型钢混凝土梁

当型钢混凝土梁的截面周长为1200~3200mm，截面高宽比为1.5~3.0时，梁的耐火极限宜按式（7-131）计算。

$$R_{\mathrm{T}} = 300 \left[(2.04C_0 - 0.23)\left(\frac{1}{M/M_{\mathrm{u}}} - 1\right) \right]^{\frac{1}{1.05-0.19C_0+0.09C_0^2}} \quad (7\text{-}131)$$

$$C_0 = C/2400 \quad (7\text{-}132)$$

式中，R_{T} 为耐火极限（min），且 $R_{\mathrm{T}} \leqslant 150$min；$M$ 为高温下按简支梁计算的梁跨中组合弯矩（kN·m）；M_{u} 为常温下梁跨中受弯承载力（kN·m），材料强度采用标准值；C 为梁的截面周长（mm）。

当型钢混凝土柱的截面周长为 1200~8000mm，截面型钢含钢率为 0.04~0.15，柱长细比为 10~120 时，柱的耐火极限宜按式（7-133）计算。

$$R_{\mathrm{T}} = (3657\alpha_{\mathrm{c}} + 146.5)\left[A\left(\frac{1}{\mu} - 1\right)\right]^B \quad (7\text{-}133)$$

$$A = \frac{1.24C_0 - 0.21}{9.9 - 9.27\exp(-1.71\lambda_0^{2.33})} \quad (7\text{-}134)$$

$$B = \frac{-2.06C_0^2 + 17.83C_0 + 1}{[1.01 - 0.23\exp(-2.86\lambda_0^{1.42})](10.56C_0 + 5.85)} \quad (7\text{-}135)$$

$$C_0 = C/2400 \quad (7\text{-}136)$$

$$\lambda_0 = \lambda/100 \quad (7\text{-}137)$$

$$\alpha_{\mathrm{c}} = A_{\mathrm{s}}/A_{\mathrm{c}} \quad (7\text{-}138)$$

式中，R_{T} 为耐火极限（min），且 $R_{\mathrm{T}} \leqslant 180$min；$\alpha_{\mathrm{c}}$ 为柱截面的型钢含钢率；μ 为高温下组合轴向压力与该力作用点处柱常温轴向承载力之比，其中后者可按《组合结构设计规范》JGJ 138—2016 的规定计算，材料强度采用标准值；C 为柱的截面周长（mm）；λ 为柱的长细比，绕强轴弯曲时 $\lambda = 2\sqrt{3}L/h$，绕弱轴弯曲时 $\lambda = 2\sqrt{3}L/b$，L 为柱的计算长度，h 和 b 分别为柱的截面高度和宽度；A_{s} 为型钢截面面积（mm²）；A_{c} 为混凝土截面面积（mm²）。

7.4.4 钢与混凝土组合梁

多高层建筑钢结构的钢梁上一般均设有混凝土楼板。如果混凝土板与钢梁之间没有任何连接，则在楼板上的竖向荷载作用下，楼板与钢梁将分别独立地发生弯曲变形（图 7-9）。这时楼板与钢梁之间会产生相对剪切滑动，此时楼板与钢梁作为独立构件联合承受楼板上的竖向荷载。如果在楼板与钢梁之间设置抵抗相对剪切滑动的抗剪连接件（图 7-10 和

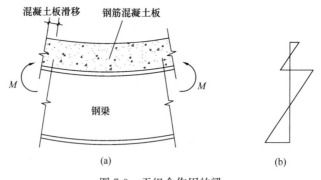

图 7-9 无组合作用的梁
(a) 梁与板受力变形图；(b) 梁板截面应力分布图

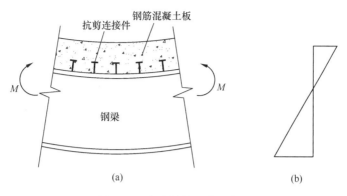

图 7-10 完全抗剪连接组合梁
(a) 梁与板受力变形图；(b) 梁板截面应力分布图

图 7-11) 变成统一工作的组合梁，作为一个整体承受楼板上的竖向荷载。

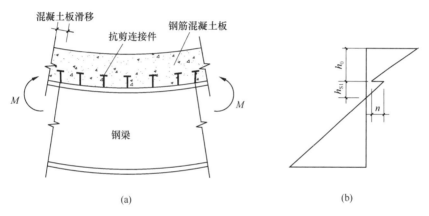

图 7-11 部分抗剪连接组合梁
(a) 梁与板受力变形图；(b) 梁板截面应力分布图

根据抗剪连接件能否保证组合梁充分发挥作用，又可将组合梁进行分类。

(1) 完全抗剪连接组合梁

此时楼板与钢梁之间的抗剪连接件数量较多，足以抵抗楼板和钢梁之间的剪力作用，楼板与钢梁之间的相对滑移很小，可以保证组合梁的抗弯承载力充分发挥。

(2) 部分抗剪连接组合梁

此时楼板与钢梁之间的抗剪连接件数量较少，不足以抵抗楼板与钢梁间的剪力作用，楼板与钢梁间的相对位移较大，不能保证组合梁的抗弯承载力充分发挥。如果抗剪连接件数量小于完全抗剪连接组合梁所需数量的 50%，则楼板与钢梁的组合作用很小，实际设计时不再考虑楼板与梁的组合作用。

组合梁与钢梁相比，具有以下优势。

(1) 由于可利用钢梁上楼板混凝土的受压作用，增加了梁截面的有效高度，既提高了梁的抗弯承载力，又提高了梁的抗弯刚度，由此可节省钢材，降低楼盖与梁的总高度。

(2) 由于混凝土楼板的热容量大，升温慢，因而组合梁的抗火性能较好。

(3) 组合梁的楼板对钢梁起到了侧向支撑作用，提高或保证了钢梁的整体稳定。

由于组合梁具有上述优点,多高层建筑钢结构中通常采用组合梁。且一般采用完全抗剪连接组合梁。因此本节仅讨论完全抗剪连接组合梁的抗火设计问题。

在火灾高温下,随着组合梁截面温度升高,材料强度下降,组合梁的承载力也将下降。耐火极限情况下,组合梁产生足够多的塑性铰形成不宜继续承载的机构而破坏。承受任意荷载分布两端简支或固支极限状态时组合梁的受力情况如图 7-12 所示。

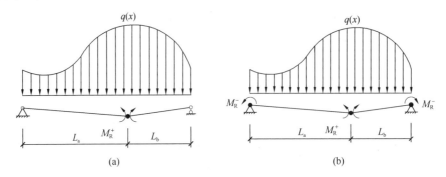

图 7-12 极限状态时组合梁的受力情况
(a) 两端简支;(b) 两端固支

对于一般组合梁的抗火设计要求为:在规定的极限耐火时间内,组合梁的承载力应不低于梁上荷载所产生的效应。进行组合梁抗火承载力验算时,考虑梁悬链线效应的轴向受拉作用可抵消火灾高温引起的轴向受压作用,可不考虑轴力的影响。

火灾下钢与混凝土组合梁的承载力验算,两端铰接时,应按式(7-139)进行验算;两端刚接时,应按式(7-140)进行验算。

$$M \leqslant M_\mathrm{T}^+ \tag{7-139}$$

$$M \leqslant M_\mathrm{T}^+ + M_\mathrm{T}^- \tag{7-140}$$

式中,M 为火灾下组合梁的正弯矩设计值;M_T^+ 为火灾下组合梁的正弯矩承载力;M_T^- 为火灾下组合梁的负弯矩承载力。

火灾下钢与混凝土组合梁的正弯矩承载力应按下列规定计算。

(1) 当塑性中和轴在混凝土翼板内(图 7-13),即 $b_\mathrm{e} h_\mathrm{cb} f_\mathrm{cT} \geqslant F_\mathrm{bf} + F_\mathrm{w} + F_\mathrm{tf}$ 时,正弯矩承载力应按式(7-141)~式(7-147)计算。

$$M_\mathrm{T}^+ = (F_\mathrm{tf} + F_\mathrm{w} + F_\mathrm{bf})y - F_\mathrm{tf} y_1 - F_\mathrm{w} y_2 \tag{7-141}$$

$$F_\mathrm{tf} = b_\mathrm{tf} t_\mathrm{tf} f_\mathrm{T} \tag{7-142}$$

$$F_\mathrm{w} = h_\mathrm{w} t_\mathrm{w} f_\mathrm{T} \tag{7-143}$$

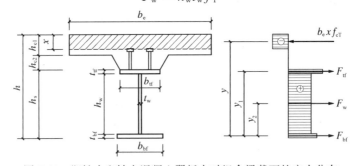

图 7-13 塑性中和轴在混凝土翼板内时组合梁截面的应力分布

$$F_{bf} = b_{bf} t_{bf} f_T \tag{7-144}$$

$$y = h - \frac{1}{2}\left(t_{bf} + \frac{F_{bf} + F_w + F_{tf}}{b_e f_{cT}}\right) \tag{7-145}$$

$$y_1 = h_w + \frac{1}{2}(t_{bf} + t_{tf}) \tag{7-146}$$

$$y_2 = \frac{1}{2}(t_{bf} + h_w) \tag{7-147}$$

式中，f_{cT} 为高温下混凝土的抗压强度；f_T 为高温下钢材的强度设计值；F_{tf} 为高温下钢梁上翼缘的承载力；F_w 为高温下钢梁腹板的承载力；F_{bf} 为高温下钢梁下翼缘的承载力；b_e 为混凝土翼板的有效宽度，应按现行国家标准《钢结构设计标准》GB 50017 的规定确定；b_{tf} 为钢梁上翼缘的宽度；b_{bf} 为钢梁下翼缘的宽度；h 为组合梁的高度；h_{c1} 为混凝土翼板的厚度；h_{c2} 为压型钢板托板的高度；h_{cb} 为混凝土翼板的等效厚度；h_s 为钢梁的高度；h_w 为钢梁腹板的高度；t_{tf} 为钢梁上翼缘的厚度；t_w 为钢梁腹板的厚度；t_{bf} 为钢梁下翼缘的厚度；x 为混凝土翼板受压区高度；y 为混凝土翼板受压区中心到钢梁下翼缘中心的距离；y_1 为钢梁上翼缘中心到下翼缘中心的距离；y_2 为钢梁腹板中心到下翼缘中心的距离。

（2）当塑性中和轴在钢梁上翼缘内（图7-14），即 $F_{bf} + F_w - F_{tf} < b_e h_{cb} f_{cT} < F_{bf} + F_w + F_{tf}$ 时，正弯矩承载力应按式（7-148）～式（7-157）计算。

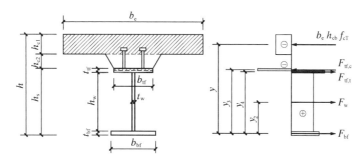

图 7-14 正弯矩作用下塑性中和轴在钢梁上翼缘内时的组合梁截面及应力分布

$$M_T^+ = b_e h_{cb} f_{cT} y + F_{tf,c} y_3 - F_{tf,t} y_4 - F_w y_2 \tag{7-148}$$

$$F_{tf} = b_{tf} t_{tf} f_T \tag{7-149}$$

$$F_w = h_w t_w f_T \tag{7-150}$$

$$F_{bf} = b_{bf} t_{bf} f_T \tag{7-151}$$

$$F_{tf,c} = \frac{1}{2}(F_{tf} + F_w + F_{bf} - b_e h_{cb} f_{cT}) \tag{7-152}$$

$$F_{tf,t} = \frac{1}{2}(F_{tf} - F_w - F_{bf} + b_e h_{cb} f_{cT}) \tag{7-153}$$

$$y = h - 0.5 h_{cb} - 0.5 t_{bf} \tag{7-154}$$

$$y_2 = \frac{1}{2}(t_{bf} + h_w) \tag{7-155}$$

$$y_3 = \frac{1}{2} t_{bf} + h_w + t_{tf} - \frac{F_{tf} + F_w + F_{bf} - b_e h_{cb} f_{cT}}{4 b_{tf} f_T} \tag{7-156}$$

$$y_4 = \frac{1}{2} t_{bf} + h_w + \frac{F_{tf} - F_w - F_{bf} + b_e h_{cb} f_{cT}}{4 b_{tf} f_T} \tag{7-157}$$

式中，$F_{tf,c}$ 为钢梁上翼缘受压区的承载力；$F_{tf,t}$ 为钢梁上翼缘受拉区的承载力；y 为混凝土翼板受压区中心到钢梁下翼缘中心的距离；y_2 为钢梁腹板中心到下翼缘中心的距离；y_3 为钢梁上翼缘受压区中心到下翼缘中心的距离；y_4 为钢梁上翼缘受拉区中心到下翼缘中心的距离。

(3) 当塑性中和轴在钢梁腹板内（图 7-15），即 $b_e h_{cb} f_{cT} \leqslant F_{bf} + F_w - F_{tf}$ 时，正弯矩承载力应按式 (7-158)～式 (7-167) 计算。

$$M_T^+ = b_e h_{cb} f_{cT} y + F_{tf} y_1 + F_{w,c} y_5 - F_{w,t} y_6 \tag{7-158}$$

$$F_{tf} = b_{tf} t_{tf} f_T \tag{7-159}$$

$$F_w = h_w t_w f_T \tag{7-160}$$

$$F_{bf} = b_{bf} t_{bf} f_T \tag{7-161}$$

$$F_{w,c} = \frac{1}{2}(F_w + F_{bf} - F_{tf} - b_e h_{cb} f_{cT}) \tag{7-162}$$

$$F_{w,t} = \frac{1}{2}(F_w - F_{bf} + F_{tf} + b_e h_{cb} f_{cT}) \tag{7-163}$$

$$y = h - 0.5 h_{cb} - 0.5 t_{bf} \tag{7-164}$$

$$y_1 = h_w + \frac{1}{2}(t_{bf} + t_{tf}) \tag{7-165}$$

$$y_5 = \frac{1}{2} t_{bf} + h_w - \frac{F_w + F_{bf} - F_{tf} - b_e h_{cb} f_{cT}}{4 t_w f_T} \tag{7-166}$$

$$y_6 = \frac{1}{2} t_{bf} + \frac{F_w - F_{bf} + F_{tf} + b_e h_{cb} f_{cT}}{4 t_w f_T} \tag{7-167}$$

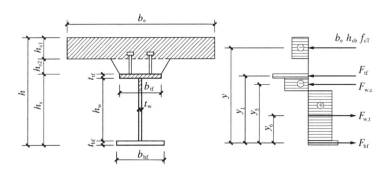

图 7-15 塑性中和轴在钢梁腹板内时组合梁截面的应力分布

式中，$F_{w,c}$ 为钢梁腹板受压区的承载力；$F_{w,t}$ 为钢梁腹板受拉区的承载力；y 为混凝土翼板受压区中心到钢梁下翼缘中心的距离；y_1 为钢梁上翼缘中心到下翼缘中心的距离；y_5 为钢梁腹板受压区中心到下翼缘中心的距离；y_6 为钢梁腹板受拉区中心到下翼缘中心的距离。

火灾下钢与混凝土组合梁的负弯矩承载力应按式 (7-168)～式 (7-176) 计算，计算时可不考虑楼板的作用（图 7-16）。

$$M_T^- = F_{tf} y_1 + F_{w,t} y_6 - F_{w,c} y_5 \tag{7-168}$$

$$F_{tf} = b_{tf}t_{tf}f_T \tag{7-169}$$

$$F_w = h_w t_w f_T \tag{7-170}$$

$$F_{bf} = b_{bf}t_{bf}f_T \tag{7-171}$$

$$F_{w,c} = \frac{1}{2}(F_w - F_{bf} + F_{tf}) \tag{7-172}$$

$$F_{w,t} = \frac{1}{2}(F_w + F_{bf} - F_{tf}) \tag{7-173}$$

$$y_1 = h_w + \frac{1}{2}(t_{bf} + t_{tf}) \tag{7-174}$$

$$y_5 = \frac{1}{2}t_{bf} + \frac{F_w - F_{bf} + F_{tf}}{4t_w f_T} \tag{7-175}$$

$$y_6 = \frac{1}{2}t_{bf} + h_w - \frac{F_w + F_{bf} - F_{tf}}{4t_w f_T} \tag{7-176}$$

火灾下钢与混凝土组合梁的温度应按下列规定确定。

（1）标准火灾下混凝土翼板的平均温升可按表7-30确定；对于非标准火灾，受火时间应采用等效曝火时间。

（2）H型钢梁的温度，对于下翼缘与腹板组成的倒T形构件，应按四面受火计算截面形状系数；对于上翼缘，可按三面受火计算截面形状系数。

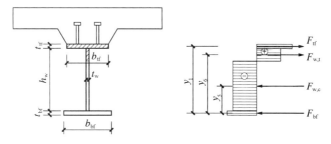

图7-16 负弯矩作用下组合梁截面的应力分布

标准火灾下钢与混凝土组合梁中混凝土翼板的平均温升（℃） 表7-30

受火时间（h）		0.5	1.0	1.5	2.0
板厚（mm）	50	405	635	805	910
	100	265	400	510	600

注：1. 表中板厚是指压型钢板肋高以上混凝土板厚度；
2. 当混凝土板厚为50～100mm时，升温可按表线性插值确定。

混凝土翼板的等效厚度h_{cb}，对于板肋垂直于钢梁的钢与混凝土组合梁，h_{cb}应取肋以上的混凝土板厚，对于板肋平行于钢梁的钢与混凝土组合梁，h_{cb}应取1/2肋高以上的混凝土板厚。

火灾下钢与混凝土组合梁中钢梁腹板与下翼缘的临界温度T_d，应根据其设计耐火极限t_m、荷载比R和混凝土翼板的等效厚度h_{cb}经计算确定。其中，两端铰接组合梁的临界温度应按表7-31确定，两端刚接组合梁的临界温度应按表7-32确定。

两端铰接组合梁的临界温度 T_d（℃） 表 7-31

	t_m (h)	1.0			1.5			2.0		
	h_{cb} (mm)	50	70	100	50	70	100	50	70	100
R	0.30	668	682	688	609	669	686	588	620	682
	0.35	630	656	663	575	631	661	550	583	656
	0.40	597	632	640	541	592	636	505	546	631
	0.45	562	608	617	504	556	611	447	508	605
	0.50	528	582	591	455	520	588	339	463	579
	0.55	494	556	567	387	481	564	227	408	553
	0.60	455	524	544	319	431	537	—	353	523
	0.65	406	486	517	250	379	508	—	298	492
	0.70	345	442	489	—	326	477	—	—	454
	0.75	285	396	458	—	273	444	—	—	405
	0.80	—	350	426	—	—	411	—	—	355

注：1. 表中"—"表示在该条件下组合梁的耐火验算不适合采用临界温度法；
2. 对于其他设计耐火极限、荷载比和混凝土翼板等效厚度，组合梁的临界温度可线性插值确定。

两端刚接组合梁的临界温度 T_d（℃） 表 7-32

	t_m (h)	1.00			1.50			2.00		
	h_{cb} (mm)	50	70	100	50	70	100	50	70	100
R	0.30	614	630	643	596	609	638	588	594	633
	0.35	587	603	617	566	578	612	556	565	606
	0.40	557	575	591	535	549	585	518	532	573
	0.45	525	543	564	499	514	557	472	495	540
	0.50	492	511	537	452	476	526	412	452	508
	0.55	452	472	505	388	434	492	350	388	464
	0.60	405	429	469	324	379	451	289	324	418
	0.65	336	374	430	261	324	397	—	261	352
	0.70	268	319	364	—	269	323	—	—	286
	0.75	—	264	272	—	—	250	—	—	—
	0.80	—	—	—	—	—	—	—	—	—

注：1. 表中"—"表示在该条件下组合梁的耐火验算不适合采用临界温度法；
2. 对于其他设计耐火极限、荷载比和混凝土翼板等效厚度，组合梁的临界温度可线性插值确定。

火灾下钢与混凝土组合梁的荷载比 R，两端铰接时，应按式（7-177）计算；两端刚接时，应按式（7-178）计算。

$$R = \frac{M}{M^+} \quad (7\text{-}177)$$

$$R = \frac{M}{M^+ + M^-} \quad (7\text{-}178)$$

式中，M 为火灾下组合梁的正弯矩设计值；M^+ 为常温下组合梁的正弯矩承载力，应按现行国家标准《钢结构设计标准》GB 50017 的规定计算；M^- 为常温下组合梁的负弯矩承载力，可按钢梁的负弯矩承载力确定，不考虑混凝土楼板的作用。

钢与混凝土组合梁的防火保护设计，应根据组合梁的临界温度 T_d、无防火保护的钢梁腹板与下翼缘组成的倒 T 形构件在设计耐火极限 t_m 内的最高温度 T_m 经计算确定。其中，最高温度 T_m 应按钢结构的升温计算方法确定。

当临界温度 T_d 不大于最高温度 T_m 时，组合梁应采取防火保护措施。防火保护层的设计厚度应按计算确定，其中，截面形状系数 F_i/V 应取腹板、下翼缘组成的倒 T 形构件作为验算截面计算。钢梁上翼缘的防火保护层厚度可与腹板及下翼缘的防火保护层厚度相同。当临界温度 T_d 大于最高温度 T_m 时，组合梁可不采取防火保护措施。

7.4.5 压型钢板组合楼板

压型钢板-混凝土组合楼板由压型钢板、钢筋和混凝土等多种形式的材料组合而成，这种楼板形式是我国多高层钢结构民用建筑和多层钢结构厂房建筑中应用得最广泛的楼盖形式。在对组合楼板进行抗火分析时，只考虑组合楼板的承载能力和抗变形能力，不考虑其绝热功能，即把组合板作为单纯的结构构件处理。当构件丧失承载能力（方程求解不收敛）或变形过大（挠度超过跨度的 1/20）即认为构件达到抗火极限状态。

不允许发生大挠度变形的组合楼板，标准火灾下的实际耐火时间 t_d 应按式（7-179）计算。当组合楼板的实际耐火时间 t_d 小于其设计耐火极限 t_m 时，组合楼板应采取防火保护措施；反之，可不采取防火保护措施。

$$t_d = 114.06 - 26.8 \frac{M}{f_t W} \quad (7\text{-}179)$$

式中，t_d 为无防火保护的组合楼板的设计耐火极限（min）；M 为火灾下单位宽度组合楼板的最大正弯矩设计值；f_t 为常温下混凝土的抗拉强度设计值；W 为常温下素混凝土板的截面正弯矩抵抗矩。

允许发生大挠度变形的组合楼板的耐火验算可考虑组合楼板的薄膜效应。

当火灾下组合楼板考虑薄膜效应时的承载力不满足式（7-180）时，组合楼板应采取防火保护措施；满足时，可不采取防火保护措施。

$$q_r \geqslant q \quad (7\text{-}180)$$

式中，q_r 为火灾下组合楼板考虑薄膜效应时的承载力设计值（kN/m²）；q 为火灾下组合楼板的荷载设计值（kN/m²）。

火灾下考虑组合楼板的薄膜效应时，应按下列要求将组合楼板划分为板块设计单元。

（1）板块四周应有梁支承，且板块内不得有柱（由主梁围成的板块）。
（2）板块应为矩形，且长宽比不应大于 2。
（3）板块应布置双向钢筋网。
（4）板块内可有 1 根以上次梁，但次梁的方向应一致。
（5）板块内开洞尺寸不应大于 300mm×300mm。

当划分的板块单元不符合以上要求时，下述方法不适用于火灾下组合楼板的承载力计算。火灾下组合楼板考虑薄膜效应时的承载力应按式（7-181）计算。

$$q_r = k_T q_a + q_{b,T} \quad (7\text{-}181)$$

式中，q_r 为火灾下板块考虑薄膜效应时的极限承载力（kN/mm²）；q_a 为火灾下组合楼板的承载力（kN/m²），取肋以上部分混凝土板并考虑该部分混凝土板中双向钢筋网的作用计算。其中，混凝土板的温度按受火时间为 1.5h 的数值确定，钢筋的温度按下文方法确定；k_T 为火灾下组合楼板考虑薄膜效应时的承载力增大系数，按图 7-17 确定；$q_{b,T}$ 为火灾下组合楼板内次梁的承载力（kN/m²）。

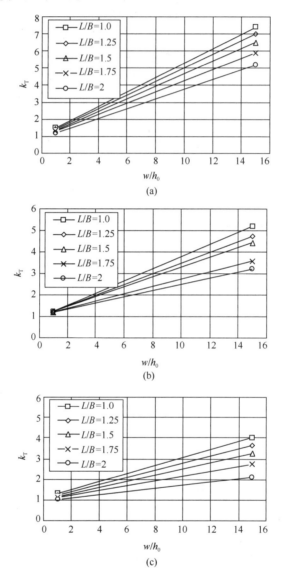

μ—板块短跨方向配筋率与长跨方向配筋率的比值；L/B—板块长宽比；
h_0—楼板的有效高度（板的厚度减去钢筋保护层厚度）；w—板块中心的竖向位移
图 7-17　火灾下组合楼板考虑薄膜效应时的承载力增大系数 k_T
(a) $\mu=0.5$；(b) $\mu=1.0$；(c) $\mu=1.5$

火灾下组合楼板考虑薄膜效应时的承载力增大系数 k_T，应根据板块短跨方向配筋率与长跨方向配筋率的比值 μ、板块长宽比 L/B、混凝土板的有效高度 h_0（混凝土翼板的厚度减去钢筋保护层厚度)、板块中心的最大竖向位移 w 按式（7-182）确定。

$$w = \frac{B}{10}(\sqrt{0.15+6\alpha_s\Delta T}+0.15-0.064\lambda) \tag{7-182}$$

式中，B 为板块短跨尺寸（m）；α_s 为钢筋热膨胀系数（℃$^{-1}$）；λ 为单位宽度组合楼板内负筋与温度钢筋的面积比；ΔT 为温度钢筋的温升（℃），按表 7-33 确定；T_0 为室温（℃），可取 20℃；d 为温度钢筋中心到受火面的距离（m）；h_{c1} 为组合梁中混凝土翼板的厚度（m），如图 7-18 所示。

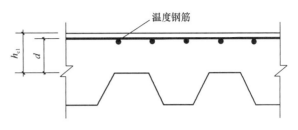

图 7-18 组合楼板的几何参数

组合楼板的防火保护措施应根据耐火试验结果确定，耐火试验应符合现行国家标准《建筑构件耐火试验方法 第 1 部分：通用要求》GB/T 9978.1 的规定。

楼板钢筋在受火 1.5h 时的温度（℃） 表 7-33

d(mm)	10	20	30	40	50	60	80	100
普通混凝土	790	650	540	430	370	271	220	160
轻质混凝土	720	580	460	360	280	225	185	135

7.5 防火保护设计

无防火保护的结构构件若不能达到构件的耐火极限要求，就需要采用防火保护措施延缓构件的升温，使其达到耐火极限的规定。进行防火保护设计时，可先根据临界温度法确定构件的临界温度，然后根据 ISO834 标准升温条件下有防火保护的升温计算公式和耐火极限设计防火保护。当采用非膨胀型防火涂料时，由于防火保护的厚度和热传导系数相对稳定，可根据防火涂料的热传导系数确定防火保护层的厚度。也可以根据设定的厚度确定防火涂料的热传导系数。

非膨胀型防火涂料的等效热传导系数，可根据标准耐火试验得到的钢试件实测升温曲线和试件的保护层厚度按式（7-183）计算。

$$\lambda_i = \frac{d_i}{\dfrac{5\times10^{-5}}{\left(\dfrac{T_s-T_{s0}}{t_0}+0.2\right)^2-0.044}\cdot\dfrac{F_i}{V}} \tag{7-183}$$

式中，λ_i 为等效热传导系数 [W/(m·℃)]；d_i 为防火保护层的厚度（m）；F_i/V 为有防火保护钢试件的截面形状系数（m^{-1}）；T_{s0} 为试验开始时钢试件的温度，可取 20℃；T_s 为钢试件的平均温度（℃），取 540℃；t_0 为钢试件的平均温度达到 540℃ 的时间（s）。

膨胀型防火涂料保护层的等效热阻，可根据标准耐火试验得到的钢构件实测升温曲线按式（7-184）计算。

$$R_i = \frac{5\times10^{-5}}{\left(\dfrac{T_s-T_{s0}}{t_0}+0.2\right)^2-0.044}\cdot\frac{F_i}{V} \tag{7-184}$$

式中，R_i 为防火保护层的等效热阻（对应于该防火保护层厚度）（$m^2 \cdot ℃/W$）。

膨胀型防火涂料应给出最大使用厚度、最小使用厚度的等效热阻以及防火涂料使用厚度按最大使用厚度与最小使用厚度之差的 1/4 递增的等效热阻，其他厚度下的等效热阻可采用线性插值方法确定。其他防火保护材料的等效热阻或等效热传导系数，应通过试验确定。

习 题

7-1 钢筋混凝土构件在什么情况下可以不需进行耐火验算和设计？

7-2 如何确定钢梁和钢柱高温下的稳定系数？

7-3 轴心受压钢柱，钢号 Q235B，工字形 b 类截面，截面面积为 $3 \times 10^4 mm^2$，截面形状系数为 $100 m^{-1}$，绕强轴和弱轴的计算长度均为 6.0m，相应的回转半径分别为 240mm 和 120mm，采用厚涂型钢结构防火涂料，其热传导系数为 $0.1 W/(m \cdot ℃)$，密度为 $600 kg/m^3$，比热容为 $900 J/(kg \cdot ℃)$。已知柱轴力设计值为 3500kN，防火涂料厚度为 20mm，耐火时间要求为 3h，则钢柱是否满足抗火要求？分别采用高温极限承载力法和临界温度法进行验算。

7-4 受弯构件基本情况：国产轧制普通工字钢简支梁，钢号 Q235，$f=215MPa$；构件跨度 5m，无侧向支撑；截面规格为 I36b，其表面积为 $1.289 m^2/m$，其体积为 $V=8.364 \times 10^{-3} m^3/m$，火灾下梁的受热面积为表面积的 4/5，即 $F=0.8 \times 1.289 = 1.031 m^2/m$；梁上翼缘作用有沿强轴方向的均布荷载 q；梁截面绕强轴的截面模量 $W=920.8 cm^3$；常温下梁的整体稳定系数 $\varphi_b' = 0.73$；梁的防火保护层材料的热传导系数 $\lambda_i = 0.093 W/(m \cdot ℃)$。

(1) 已知 $q=30 kN/m$，钢梁的耐火时间要求为 $t=2.0h$，求所需的防火涂料厚度 d_i。

(2) 已知 $q=30 kN/m$，钢梁的防火涂料厚度为 $d_i=0.025 m$，求钢梁的耐火时间 t。

(3) 已知 $q=25 kN/m$，$d_i=0.03 m$，耐火时间要求 $t=2.5h$，则钢梁是否满足抗火要求？

7-5 一焊接 H 形截面压弯构件，截面尺寸为 $275 \times 250 \times 8 \times 12$（mm），火灾时承受弯矩设计值 $M_x = 60 kN \cdot m$，压力设计值 $N=160 kN$，计算长度 $l_{0x}=6m$，$l_{0y}=3m$，翼缘钢板为火焰切割边，材料为 Q235 钢，耐火极限要求为 3h，采用厚型防火涂料，热传导系数为 $0.1 W/(m \cdot K)$，密度为 $680 kg/m^3$，比热容为 $1000 J/(kg \cdot K)$，求需要的防火涂料厚度。

7-6 混凝土顶板厚度为 100mm，有效宽度为 1500mm，压型钢板波高 76mm，肋的方向与钢梁的方向平行，混凝土强度等级为 C30（$f_c=14.3MPa$），H 型钢梁截面为 $350 \times 150 \times 8 \times 12$（mm），Q235 钢材，梁跨度 4m，两端简支，荷载设计值为 90kN/m。防火保护为轻质保护层，热传导系数为 $0.1 W/(m \cdot ℃)$。厚度为 20mm，分别采用承载力法和临界温度法验算该组合梁受火 90min 后的承载力。

7-7 什么是防火涂料的等效热阻？对于厚型和薄型防火涂料，分别如何确定？

第8章 结构防火保护措施

一般不加保护的钢构件耐火极限仅为10～20min。为提高钢结构的抗火性能,多数情况下,需采取防火保护措施,使钢构件达到规定的耐火极限要求。防火保护的基本原理就是采用导热系数较小的不燃烧材料将火灾产生的热量和构件隔开,降低热量向构件的传递速度。

8.1 防火保护方法

8.1.1 常用防火保护方案

钢结构的防火保护可采用下列措施之一或其中几种的组合:喷涂(抹涂)防火涂料;包覆防火板;包覆柔性毡状隔热材料;外包混凝土、金属网抹砂浆或砌筑砌体。

提高钢结构抗火性能的主要方法有:

(1)水冷却法。美国匹兹堡64层的美国钢铁大厦,其内部空心截面的钢柱内充有冷水,并与设于顶部的水箱相连,形成封闭冷却系统,如图8-1所示。如发生火灾,钢柱内的水被加热而上升,水箱冷水流下产生循环,以水的循环将火灾产生的热量带走,以保证钢柱不会升温过高,而丧失承载能力。为了防止钢结构生锈,须在水中掺入专门的防锈外加剂,冬天如需防冻,还要加入防冻剂。这种方法由于对结构设计有专门要求,目前实际应用较少。

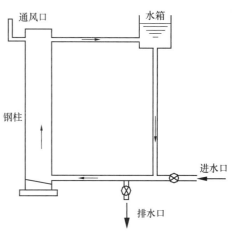

图8-1 钢柱水冷却法示意图

(2)单面屏蔽法。在钢构件的迎火面设置阻火屏障,将构件与火焰隔开(图8-2)。如钢梁下面吊装防火平顶以及钢外柱内侧设置有一定宽度的防火板等。如果建筑内部发生

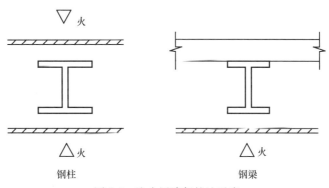

图8-2 防火屏障保护法示意

火灾,火焰也烧不到钢构件。这种在特殊部位设置防火屏障的措施是一种较为经济的钢构件防火方法。

(3) 浇筑混凝土或砌筑耐火砖。采用混凝土或耐火砖完全封闭钢构件(图8-3)。上海市世界金融大厦的钢柱就是采用这种方法。这种方法优点是强度高,耐冲击,但缺点是要占用的空间较大,例如,用C20混凝土保护钢柱,其厚度为5~10cm才能达到1.5~3h的耐火极限。另外,施工也较为不便,特别在钢梁、斜撑上施工十分困难。

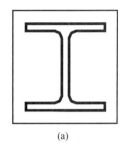 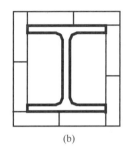

图8-3 浇筑混凝土或砌筑耐火砖
(a) 浇筑混凝土;(b) 砌筑耐火砖

(4) 采用耐火轻质板材作为防火外包层。采用纤维增强水泥板(如TK板、FC板)、石膏板、硅酸钙板、蛭石板将钢构件包覆起来。防火板由工厂加工、表面平整、装饰性好,施工方法为干作业法。耐火轻质板材用于钢柱防火具有占用空间少、综合造价低的优点。据报道,日本无石棉硅酸钙板(KB板)作为高层钢结构建筑的防火包覆材料已被广泛应用,总用量已达到钢结构防护面积的10%左右。

(5) 涂抹防火涂料。将防火涂料涂覆于钢材表面,防火涂料施工简便、重量轻、耐火时间长,而且不受钢构件几何形状限制,具有较好的经济性和实用性。钢结构防火涂料的品种较多,通常根据高温下涂层变化情况分为膨胀型和非膨胀型两大系列。膨胀型防火涂料,又称薄型防火涂料,厚度一般为2~7mm,其基料为有机树脂,配方中还含有发泡剂、碳化剂等成分,遇火后自身会发泡膨胀,形成比原涂层厚度大十几倍到数十倍的多孔碳质层。多孔碳质层可阻挡外部热源对基材的传热,如同绝热屏障,用于钢结构防火,耐火极限可达0.5~1.5h。非膨胀型防火涂料,主要成分为无机绝热材料,遇火不膨胀,自身具有良好的隔热性,故又称隔热型防火涂料。其涂层厚度从7mm到50mm,对应耐火极限可达到0.5h至3h以上。因其涂层比薄型涂料要厚得多,因此又称之为厚型防火涂料。膨胀型防火涂料涂层薄、重量轻、抗震性好,有较好的装饰性,缺点是施工时气味较大、涂层易老化,若处于吸湿受潮状态会失去膨胀性。非膨胀型防火涂料其防火机理是利用涂层固有的良好的绝热性以及高温下部分成分的蒸发和分解等烧蚀反应而产生的吸热作用,来阻隔和消耗火灾热量向基材的传递,从而延缓钢构件达到临界温度的时间。厚型防火涂料一般不燃、无毒、耐老化、耐久性较可靠,构件的耐火极限可达3h以上,适用于永久性建筑中。

钢结构防火方法应用最多的为外包层法,按构造形式,钢结构的防火保护有以下三种方法:

(1) 紧贴包裹法(图8-4a)。一般采用防火涂料,紧贴钢构件的外露表面,将钢构件包裹起来。

(2) 空心包裹法(图8-4b)。一般采用防火板或耐火砖,沿钢构件的外围边界,将钢构件包裹起来。

(3) 实心包裹法(图8-4c)。一般采用混凝土,将钢构件浇筑在其中。

钢结构的防火保护措施应根据钢结构的结构类型、设计耐火极限和使用环境等因素,按照下列原则确定:防火保护施工时,不产生对人体有害的粉尘或气体;钢构件受火后发

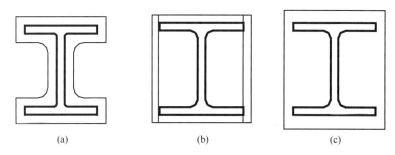

图 8-4 钢构件的防火保护方法
(a) 紧贴包裹法;(b) 空心包裹法;(c) 实心包裹法

生允许变形时,防火保护不发生结构性破坏与失效;施工方便且不影响已完工的施工及后续施工;具有良好的耐久、耐候性能。

钢结构采用喷涂防火涂料保护时,室内隐蔽构件宜选用非膨胀型防火涂料;设计耐火极限大于 1.5h 的构件,不宜选用膨胀型防火涂料;室外、半室外钢结构采用膨胀型防火涂料时,应选用符合环境对其性能要求的产品;非膨胀型防火涂料涂层的厚度不应小于 10mm;防火涂料与防腐涂料应相容、匹配。

钢结构采用包覆防火板保护时,防火板应为不燃材料,且受火时不应出现炸裂和穿透裂缝等现象;防火板的包覆应根据构件形状和所处部位进行构造设计,并应采取确保安装牢固稳定的措施;固定防火板的龙骨及黏结剂应为不燃材料。龙骨应便于与构件和防火板连接,黏结剂在高温下应能保持一定的强度,并能保证防火板的包敷完整。

钢结构采用包覆柔性毡状隔热材料保护时,不应用于易受潮或受水的钢结构;在自重作用下,毡状材料不应发生压缩不均的现象。

钢结构还采用外包混凝土、金属网抹砂浆和砌筑砌体保护方案。当采用外包混凝土时,混凝土的强度等级不宜低于 C20;当采用外包金属网抹砂浆时,砂浆的强度等级不宜低于 M5,金属丝网的网格不宜大于 20mm,丝径不宜小于 0.6mm,砂浆最小厚度不宜小于 25mm;当采用砌筑砌体时,砌块的强度等级不宜低于 MU10。

8.1.2 防火保护的构造和做法

钢结构采用喷涂非膨胀型防火涂料保护时,其防火保护构造宜按图 8-5 选用。有下列情况之一时,宜在涂层内设置与钢构件相连接的镀锌铁丝网或玻璃纤维布:构件承受冲击、振动荷载;防火涂料的黏结强度不大于 0.05MPa;构件的腹板高度大于 500mm 且涂层厚度不小于 30mm;构件的腹板高度大于 500mm 且涂层长期暴露在室外。

钢结构采用包覆防火板保护时,钢柱的防火保护构造宜按图 8-6 选用,钢梁的防火保护构造宜按图 8-7 选用。

钢结构采用包覆柔性毡状隔热材料保护时,其防火保护构造宜按图 8-8 选用。

钢结构采用外包混凝土或砌筑砌体保护时,其防火保护构造宜按图 8-9 选用,外包混凝土宜配构造钢筋。

钢结构采用复合防火保护时,钢柱的防火保护构造宜按图 8-10 和图 8-11 选用,钢梁的防火保护构造宜按图 8-12 选用。

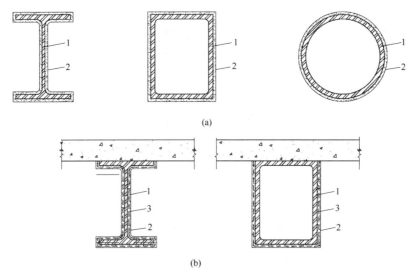

1—钢构件；2—防火涂料；3—锌铁丝网

图 8-5　防火涂料保护构造

（a）不加镀锌铁丝网；（b）加镀锌铁丝网

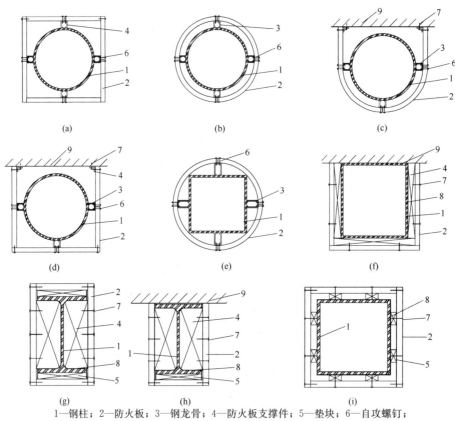

1—钢柱；2—防火板；3—钢龙骨；4—防火板支撑件；5—垫块；6—自攻螺钉；
7—钢钉（射钉）；8—高温胶粘剂；9—墙体

图 8-6　防火板保护钢柱的构造

（a）圆柱包矩形防火板；（b）圆柱包圆弧形防火板；（c）靠墙圆柱包弧形防火板；
（d）靠墙圆柱包矩形防火板；（e）箱形柱包圆弧形防火板；（f）靠墙箱形柱包矩形防火板；
（g）独立 H 形柱包矩形防火板；（h）靠墙 H 形柱包矩形防火板；（i）独立矩形柱包矩形防火板

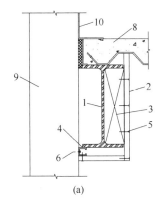
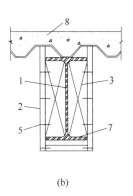

1—钢梁；2—防火板；3—防火板支撑件；4—墙体钢龙骨；5—钢钉；6—射钉；
7—高温胶粘剂；8—楼板；9—墙体；10—金属防火板

图 8-7　防火板保护钢梁的构造
（a）靠墙的钢梁；（b）一般位置的钢梁

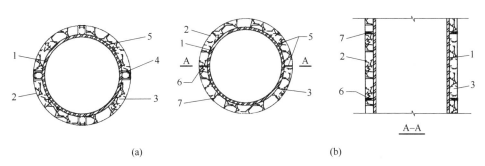

1—钢柱；2—金属保护板；3—柔性毡状隔热材料；4—钢龙骨；
5—高温胶粘剂；6—弧形支撑板；7—钢钉（射钉）

图 8-8　柔性毡状隔热材料防火保护构造
（a）用钢龙骨支撑；（b）用圆弧形防火板支撑

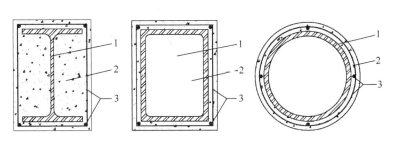

1—钢构件；2—混凝土；3—构造钢筋

图 8-9　外包混凝土防火保护构造

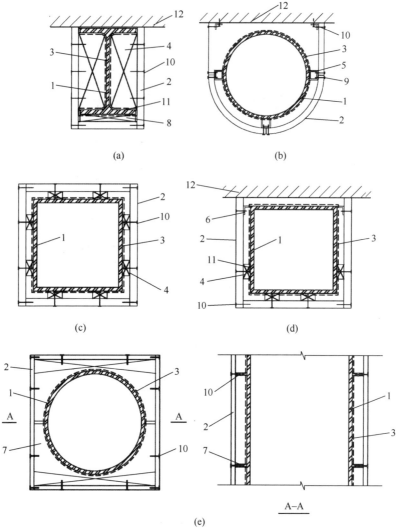

1—钢柱；2—防火板；3—防火涂料；4—防火板龙骨；5—钢龙骨；6—支撑固定件；
7—支撑板；8—垫块；9—自攻螺钉；10—钢钉（射钉）；11—高温胶粘剂；12—墙体

图 8-10　钢柱采用防火涂料和防火板复合保护的构造
（a）靠墙的 H 形柱；（b）靠墙的圆柱；（c）一般位置的箱形柱；（d）靠墙的箱形柱；（e）一般位置的圆柱

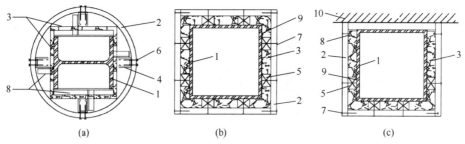

1—钢柱；2—防火板；3—柔性毡状隔热材料；4—钢龙骨；5—防火板龙骨；
6—自攻螺钉；7—钢钉；8—支撑固定件；9—高温胶粘剂；10—墙体

图 8-11　钢柱采用柔性毡和防火板复合保护的构造
（a）H 形钢柱；（b）一般位置的箱形柱；（c）靠墙的箱形柱

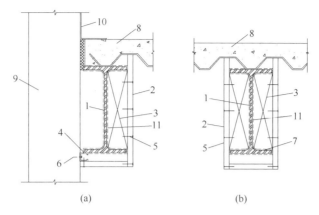

1—钢梁；2—防火板；3—防火板支撑件；4—墙体钢龙骨；5—钢钉；6—射钉；
7—高温胶粘剂；8—楼板；9—墙体；10—金属防火板；11—防火涂料

图 8-12 钢梁采用防火涂料和防火板复合保护的构造图
(a) 靠墙的钢梁；(b) 一般位置的钢梁

8.2 防火保护工程的施工和验收

8.2.1 防火保护工程的施工

钢结构防火保护工程的施工，应按照批准的工程设计文件及相应的施工技术标准进行。当需要变更设计、材料代用或采用新材料时，必须征得设计部门的同意，出具设计变更文件。

钢结构防火保护工程施工前应具备下列条件：具备相应的工程设计技术文件且资料齐全；设计单位已向施工单位、监理单位进行技术交底；施工现场及施工中使用的水、电、气满足施工要求，并能保证连续施工；钢结构安装工程检验批质量检验合格；施工现场的防火措施、管理措施和灭火器材配备符合消防安全要求；钢材表面除锈、防腐涂装检验批质量检验合格。

钢结构防火保护工程的施工过程质量控制应符合下列规定：采用的主要材料、半成品及成品应进行进场检查验收；凡涉及安全、功能的原材料、半成品及成品应按相关规定和设计文件等进行复验，并经监理工程师检查认可；各工序应按施工技术标准进行质量控制，每道工序完成后，经施工单位自检符合规定后，才可进行下道工序施工；相关专业工种之间应进行交接检验，并经监理工程师检查认可。

防火涂料、防火板、毡状防火材料等防火保护材料的质量，应符合国家现行产品标准的规定和设计要求，并应具备产品合格证、国家权威质量监督检验机构出具的检验合格报告和型式认可证书。

预应力钢结构、跨度不小于60m的大跨度钢结构、高度不小于100m的高层建筑钢结构所采用的防火涂料、防火板、毡状防火材料等防火保护材料，在材料进场后，应对其隔热性能进行见证检验。非膨胀型防火涂料和防火板、毡状防火材料等实测的等效热传导系数不应大于等效热传导系数的设计取值，其允许偏差为+10%；膨胀型防火涂料实测的等效热阻不应小于等效热阻的设计取值，其允许偏差为-10%。按现行国家标准《建筑构件

耐火试验方法 第1部分：通用要求》GB/T 9978.1规定的耐火性能试验方法测试，试件采用I36b工字钢，长度500mm，数量3个，试件应四面受火且不加载。

防火涂料涂装时的环境温度和相对湿度应符合涂料产品说明书的要求。当产品说明书无要求时，环境温度宜为5～38℃，相对湿度不应大于85%。涂装时，构件表面不应有结露，涂装后4.0h内应保护免受雨淋、水冲等，并防止机械撞击。

防火涂料的涂装遍数和每遍涂装的厚度均应符合产品说明书的要求，施工过程如图8-13所示。防火涂料涂层的厚度不得小于设计厚度。非膨胀型防火涂料涂层最薄处的厚度不得小于设计厚度的85%；平均厚度的允许偏差应为设计厚度的±10%，且不应大于±2mm。膨胀型防火涂料涂层最薄处厚度的允许偏差应为设计厚度的±5%，且不应大于±0.2mm。

图8-13 钢结构防火涂料的施工

膨胀型防火涂料涂层表面的裂纹宽度不应大于0.5mm，且1m长度内裂纹数量均不得多于1条；当涂层厚度不大于3mm时，裂纹宽度不应大于0.1mm。非膨胀型防火涂料涂层表面的裂纹宽度不应大于1mm，且1m长度内裂纹数量不得多于3条。

防火板保护层的厚度不应小于设计厚度，其允许偏差应为设计厚度的±10%，且不应大于±2mm。每一构件选取至少5个不同的部位，用游标卡尺分别测量其厚度，防火板保护层厚度为测点厚度的平均值。防火板安装龙骨、支撑固定件等应固定牢固，现场拉拔强度应符合设计要求，其允许偏差应为设计值的±10%。防火板安装应牢固稳定、封闭良好。

柔性毡状材料防火保护层的厚度应符合设计要求。厚度允许偏差为±10%，且不应大于±3mm。每一构件选取至少5个不同的涂层部位，用针刺、尺量检查。柔性毡状材料防火保护层的厚度大于100mm时，应分层施工。

混凝土保护层、砂浆保护层和砌体保护层的厚度不应小于设计厚度。混凝土保护层、砌体保护层的允许偏差为±10%，且不应大于±5mm。砂浆保护层的允许偏差为±10%，且不应大于±2mm。

采用复合防火保护时，后一种防火保护的施工应在前一种防火保护检验批的施工质量检验合格后进行。

8.2.2 防火保护工程的验收

钢结构防火保护工程施工质量验收时，应提供下列文件和记录：工程竣工图纸和相关设计文件、设计变更文件，施工现场质量管理检查记录，原材料出厂合格证与检验报告，材料进场复验报告，防火保护施工、安装记录，防火保护层厚度检查记录，观感质量检验项目检查记录，分项工程所含各检验批质量验收记录，强制性条文检验项目检查记录及证明文件，隐蔽工程检验项目检查验收记录，分项工程验收记录，不合格项的处理记录及验收记录，重大质量、技术问题处理及验收记录，其他必要的文件和记录。

隐蔽工程验收项目应包括下列内容：吊顶内、夹层内、井道内等隐蔽部位的防火保护，防火板保护中龙骨、连接固定件的安装，多层防火板、多层柔性毡状隔热材料保护中面层以下各层的安装，复合防火保护中的基层防火保护。

当钢结构防火保护分项工程施工质量不符合规定时，应按下列规定进行处理：经返工重做的检验批，应重新进行验收；通过返修或重做仍不能满足结构防火要求的钢结构防火保护分项工程，严禁验收；经有资质的检测单位检测鉴定能够达到设计要求的检验批，可视为合格；经有资质的检测单位检测鉴定达不到设计要求，但经原设计单位核算认可能够满足结构防火要求的检验批，可视为合格。

钢结构防火保护分项工程施工质量验收合格后，应将所有验收文件存档备案。

钢结构防火保护工程施工质量的验收，必须采用经计量检定、校准合格的计量器具。钢结构防火保护工程应作为钢结构工程的分项工程，分成一个或若干个检验批进行质量验收。检验批可按钢结构制作或钢结构安装工程检验批划分成一个或若干个检验批，一个检验批内应采用相同的防火保护方式、同一批次的材料、相同的施工工艺，且施工条件、养护条件等相近。钢结构防火保护分项工程的质量验收，应在所含检验批质量验收合格的基础上检查质量验收记录。钢结构防火保护分项工程质量验算合格应符合下列规定：所含检验批的质量均应验收合格，所含检验批的质量验收记录应完整。

检验批的质量验收应包括实物检查和资料检查，实物检查是对采用的主要材料、半成品、成品和构配件进行进场复验，进场复验应按进场的批次和产品的抽样检验方案执行；资料检查包括主要材料、成品和构配件的产品合格证（中文产品质量合格证明文件、性能检测报告等）、进场复验报告、施工过程中重要工序的自检和交接检记录、抽样检验报告、见证检测报告、隐蔽工程验收记录等。检验批质量验收合格应符合下列规定：主控项目的质量经抽样检验应合格，一般项目的质量经抽样检验应合格，当采用计数检验时，除有专门要求外，一般项目的合格点率应达到80%及以上，且不得有严重缺陷（最大偏差值不应大于其允许偏差值的1.2倍），应具有完整的施工操作依据和质量验收记录。

钢结构防火保护检验批、分项工程质量验收的程序和组织，应符合现行国家标准《建筑工程施工质量验收统一标准》GB 50300 的规定：检验批应由专业监理工程师组织施工单位项目专业质量检查员、专业工长等进行验收；分项工程应由专业监理工程师组织施工单位项目专业技术负责人等进行验收。

钢结构防火保护工程应作为钢结构工程的分项工程，分成一个或若干个检验批进行质量验收。检验批可按钢结构制作或钢结构安装工程检验批划分成一个或若干个检验批，个检验批内应采用相同的防火保护方式、同一批次的材料、相同的施工工艺，且施工条件、养护条件等相近。钢结构防火保护分项工程的质量验收，应在所含检验批质量验收合格的基础上检查质量验收记录。

钢结构防火保护分项工程质量验收合格应符合下列规定：所含检验批的质量均应验收

合格；所含检验批的质量验收记录应完整。

检验批的质量验收应包括下列内容：（1）实物检查，对采用的主要材料、半成品、成品和构配件应进行进场复验，进场复验应按进场的批次和产品的抽样检验方案执行；（2）资料检查，包括主要材料、成品和构配件的产品合格证（中文产品质量合格证明文件、规格、型号及性能检测报告等）、进场复验报告、施工过程中重要工序的自检和交接检记录、抽样检验报告、见证检测报告、隐蔽工程验收记录等。

习　题

8-1　工程中常用的防火保护措施有哪些？各有什么特点和适用范围？
8-2　钢结构采用包覆防火板保护时，钢柱的防火保护构造措施有哪些？
8-3　钢结构采用外包混凝土或砌筑砌体保护时，其防火保护构造措施有哪些？
8-4　防火保护工程的施工包含哪些主要步骤？
8-5　防火保护工程的验收包含哪些方面的验收？分别如何验收？

附录1 标准升温下钢构件的升温

标准火灾下无防火保护钢构件的温度（℃） 附表1-1

时间 (min)	空气温度 (℃)	无防火保护钢构件的截面形状系数 F/V (m^{-1})									
		10	20	30	40	50	100	150	200	250	300
0	20	20	20	20	20	20	20	20	20	20	20
5	576	32	44	56	67	78	133	183	229	271	309
10	678	54	86	118	148	178	311	416	496	552	590
15	739	81	138	193	246	295	491	609	669	697	711
20	781	112	197	277	350	416	638	724	752	763	767
25	815	146	261	365	456	533	737	786	798	802	805
30	842	182	327	453	556	636	799	824	830	833	834
35	865	221	396	538	646	721	838	852	856	858	859
40	885	261	464	618	723	787	866	874	877	879	880
45	902	302	531	690	785	835	888	893	896	897	898
50	918	345	595	752	834	871	906	911	913	914	915
55	932	388	655	805	871	898	922	926	928	929	929
60	945	432	711	848	900	919	936	940	941	942	943
65	957	475	762	883	923	936	949	952	954	954	955
70	968	518	807	911	941	951	961	964	965	966	966
75	979	561	846	933	956	963	972	974	976	976	977
80	988	603	880	952	969	975	982	984	986	986	987
85	997	643	908	968	981	985	992	994	995	995	996
90	1006	683	933	981	991	995	1001	1003	1004	1004	1004

注：1. 当 $F/V < 10$ 时，构件温度应按截面温度非均匀分布计算；

2. 当 $F/V > 300$ 时，可认为构件温度等于空气温度。

标准火灾下轻质防火保护钢构件的升温（℃）（等效热阻 0.01m^2·℃/W） 附表1-2

时间 (min)	空气温度 (℃)	防火保护钢构件的截面形状系数 F_i/V (m^{-1})											
		10	20	30	40	50	100	150	200	250	300	350	400
0	20	20	20	20	20	20	20	20	20	20	20	20	20
5	576	28	37	45	53	61	99	135	168	200	229	257	282
10	678	42	64	85	105	125	217	296	363	418	465	502	533
15	739	59	96	131	166	198	340	448	527	584	625	653	672
20	781	77	131	182	230	274	455	573	647	692	719	736	746

续表

时间(min)	空气温度(℃)	防火保护钢构件的截面形状系数 F_i/V (m^{-1})										
		10	20	30	40	50	100	150	200	250	300	350	400
25	815	97	168	234	295	350	555	669	729	760	777	786	792
30	842	118	206	287	359	423	640	740	785	805	815	821	825
35	865	139	245	339	421	492	709	792	824	838	844	848	851
40	885	161	285	391	481	556	764	831	854	863	868	871	873
45	902	184	324	441	537	614	808	861	878	884	888	891	892
50	918	207	363	489	589	667	844	885	897	903	906	908	909
55	932	230	401	535	638	714	872	905	914	919	921	923	924
60	945	253	438	579	682	756	896	922	929	933	935	937	938
65	957	276	475	621	723	793	916	937	943	946	948	950	951
70	968	300	510	659	760	826	933	950	955	958	960	961	962
75	979	323	545	696	793	854	948	962	967	969	971	972	973
80	988	346	578	729	823	880	961	973	977	980	981	982	983
85	997	369	610	761	851	903	973	983	987	989	991	992	993
90	1006	392	640	790	875	923	984	993	996	999	1000	1001	1001
95	1014	415	669	817	897	940	994	1002	1005	1007	1008	1009	1010
100	1022	437	697	842	917	956	1003	1010	1013	1015	1016	1017	1018
105	1029	459	724	864	935	970	1011	1018	1021	1023	1024	1025	1025
110	1036	481	749	886	951	983	1019	1026	1028	1030	1031	1032	1032
115	1043	503	773	905	966	995	1027	1033	1036	1037	1038	1039	1039
120	1049	524	796	923	980	1006	1034	1040	1042	1044	1045	1045	1046
125	1055	545	818	940	992	1015	1041	1046	1049	1050	1051	1052	1052
130	1061	565	838	955	1003	1024	1048	1053	1055	1056	1057	1058	1058
135	1067	585	858	969	1014	1033	1054	1059	1061	1062	1063	1063	1064
140	1072	605	876	982	1023	1041	1060	1064	1066	1068	1068	1069	1069
145	1077	624	893	994	1032	1048	1066	1070	1072	1073	1074	1074	1075
150	1082	643	910	1006	1041	1055	1071	1075	1077	1078	1079	1080	1080
155	1087	661	925	1016	1048	1061	1077	1080	1082	1083	1084	1085	1085
160	1092	679	940	1026	1056	1067	1082	1085	1087	1088	1089	1089	1090
165	1097	697	953	1035	1062	1073	1087	1090	1092	1093	1094	1094	1094
170	1101	714	966	1044	1069	1079	1091	1095	1097	1098	1098	1099	1099
175	1106	730	979	1052	1075	1084	1096	1099	1101	1102	1103	1103	1103
180	1110	747	990	1059	1081	1089	1101	1104	1105	1106	1107	1107	1108

标准火灾下轻质防火保护钢构件的升温（℃）（等效热阻 0.05m²·℃/W） 附表 1-3

时间 (min)	空气温度 (℃)	防火保护钢构件的截面形状系数 F_i/V (m^{-1})										
		10	20	30	40	50	100	150	200	250	300	350	400
0	20	20	20	20	20	20	20	20	20	20	20	20	20
5	576	24	27	31	35	38	56	73	90	106	122	137	152
10	678	29	39	48	57	66	109	149	186	221	253	283	310
15	739	36	52	67	82	97	166	227	282	332	375	414	448
20	781	43	66	88	109	129	223	304	373	432	481	523	559
25	815	51	80	109	136	163	280	377	456	519	571	612	645
30	842	59	95	131	164	196	336	445	529	594	644	683	712
35	865	67	111	153	193	230	389	507	594	658	705	739	765
40	885	75	127	175	221	263	439	563	651	712	754	784	806
45	902	83	143	198	249	296	486	615	700	757	795	821	839
50	918	92	159	220	277	329	531	661	743	796	829	851	866
55	932	101	175	242	304	360	573	702	781	828	858	876	888
60	945	110	191	265	331	391	612	740	814	856	882	897	907
65	957	119	207	287	358	421	649	774	842	881	903	916	924
70	968	127	223	308	384	451	683	804	867	902	921	932	939
75	979	136	239	330	410	479	714	831	890	920	937	946	952
80	988	146	255	351	435	507	744	856	909	936	951	959	964
85	997	155	271	372	459	533	771	878	927	951	963	971	975
90	1006	164	287	393	483	559	796	898	943	964	975	981	985
95	1014	173	303	413	506	584	820	916	957	976	986	991	995
100	1022	182	319	433	529	608	842	933	970	987	995	1000	1004
105	1029	191	334	453	551	632	862	948	982	997	1004	1009	1012
110	1036	200	350	472	572	654	881	962	992	1006	1013	1017	1020
115	1043	210	365	491	593	676	899	974	1002	1015	1021	1025	1027
120	1049	219	380	510	614	696	915	986	1012	1023	1029	1032	1035
125	1055	228	395	528	633	716	930	997	1020	1030	1036	1039	1041
130	1061	237	410	546	653	736	945	1007	1028	1038	1043	1046	1048
135	1067	246	424	563	671	754	958	1016	1036	1044	1049	1052	1054
140	1072	255	439	580	689	772	970	1025	1043	1051	1055	1058	1060
145	1077	264	453	597	707	789	982	1033	1050	1057	1061	1064	1066
150	1082	273	467	614	724	806	993	1041	1056	1063	1067	1069	1071
155	1087	282	481	630	740	822	1003	1048	1062	1069	1072	1075	1077
160	1092	291	495	645	756	837	1013	1055	1068	1074	1078	1080	1082
165	1097	300	508	661	772	852	1022	1061	1074	1080	1083	1085	1087
170	1101	309	522	676	787	866	1031	1068	1079	1085	1088	1090	1091
175	1106	318	535	690	801	880	1039	1074	1084	1090	1093	1095	1096
180	1110	327	548	705	815	893	1047	1079	1089	1094	1097	1099	1101

标准火灾下轻质防火保护钢构件的升温（℃）（等效热阻 0.1m² · ℃/W） 附表 1-4

时间(min)	空气温度(℃)	有防火保护钢构件的截面形状系数 F_i/V (m⁻¹)										
		10	20	30	40	50	100	150	200	250	300	350	400
0	20	20	20	20	20	20	20	20	20	20	20	20	20
5	576	22	24	27	29	31	42	52	63	73	83	92	102
10	678	26	31	36	42	47	73	98	122	145	166	187	207
15	739	29	38	47	56	65	107	147	184	219	251	281	310
20	781	33	46	59	72	84	143	197	246	291	332	369	403
25	815	38	55	72	88	104	179	247	306	359	407	449	486
30	842	42	64	84	105	125	216	295	364	423	475	519	558
35	865	47	72	97	122	145	251	342	418	482	536	582	621
40	885	51	82	111	139	166	287	386	469	536	592	638	675
45	902	56	91	124	156	187	321	429	516	586	642	686	722
50	918	61	100	138	173	207	355	470	560	631	686	729	763
55	932	66	110	151	190	228	387	509	602	672	726	766	798
60	945	71	119	165	208	248	419	546	640	709	761	800	828
65	957	76	129	178	225	269	450	581	675	743	793	829	855
70	968	81	138	192	242	289	479	614	708	774	821	855	878
75	979	86	148	206	259	309	508	645	738	802	847	878	899
80	988	92	158	219	276	328	536	674	766	828	870	898	918
85	997	97	168	233	293	348	562	702	792	851	890	916	934
90	1006	102	177	246	309	367	588	728	816	873	909	933	949
95	1014	107	187	259	325	385	613	752	839	892	926	948	962
100	1022	113	197	273	342	404	636	776	859	910	942	961	974
105	1029	118	206	286	358	422	659	797	878	926	956	974	986
110	1036	123	216	299	374	440	681	818	896	942	969	985	996
115	1043	129	226	312	389	458	702	837	913	956	981	996	1005
120	1049	134	235	325	405	475	722	856	928	968	992	1006	1014
125	1055	139	245	338	420	492	742	873	942	980	1002	1015	1023
130	1061	145	255	351	435	509	761	889	956	991	1011	1023	1030
135	1067	150	264	363	450	526	778	904	968	1002	1020	1031	1038
140	1072	156	274	376	465	542	796	919	980	1011	1029	1039	1045
145	1077	161	283	388	479	558	812	933	991	1021	1036	1046	1051
150	1082	166	292	401	494	573	828	946	1001	1029	1044	1052	1058
155	1087	172	302	413	508	588	843	958	1011	1037	1051	1059	1064
160	1092	177	311	425	522	603	858	970	1020	1045	1057	1065	1069
165	1097	183	320	437	535	618	872	981	1029	1052	1064	1071	1075
170	1101	188	330	449	549	632	886	991	1037	1059	1070	1076	1080
175	1106	194	339	460	562	646	899	1001	1045	1065	1075	1081	1085
180	1110	199	348	472	575	660	911	1010	1052	1071	1081	1087	1090

标准火灾下轻质防火保护钢构件的升温（℃）（等效热阻 0.2m² · ℃/W） 附表 1-5

时间 (min)	空气温度 (℃)	有防火保护钢构件的截面形状系数 F_i/V (m⁻¹)											
		10	20	30	40	50	100	150	200	250	300	350	400
0	20	20	20	20	20	20	20	20	20	20	20	20	20
5	576	22	22	24	25	26	32	38	44	50	55	61	67
10	678	26	26	29	32	35	49	64	77	91	104	117	130
15	739	29	30	35	40	45	69	92	114	135	156	176	195
20	781	33	34	41	48	55	89	121	152	181	208	234	259
25	815	38	39	48	57	66	110	151	189	225	259	291	321
30	842	42	44	55	67	78	131	181	227	269	309	345	379
35	865	47	48	62	76	89	153	211	264	312	356	397	434
40	885	51	53	70	86	101	174	240	300	353	402	445	485
45	902	56	58	77	95	113	196	269	335	393	445	491	532
50	918	61	64	85	105	125	217	298	369	431	486	534	576
55	932	66	69	92	115	137	238	326	402	468	525	574	617
60	945	71	74	100	125	149	259	354	434	503	561	611	654
65	957	76	79	108	135	161	280	380	465	536	596	646	689
70	968	81	85	115	145	173	301	407	495	568	628	679	721
75	979	86	90	123	155	185	321	432	523	598	659	709	750
80	988	92	95	131	165	197	341	457	551	627	688	738	778
85	997	97	101	139	175	209	361	481	577	654	715	764	803
90	1006	102	106	147	185	222	380	505	603	680	741	788	826
95	1014	107	112	154	195	233	399	528	627	705	765	811	848
100	1022	113	117	162	205	245	418	550	651	728	787	833	868
105	1029	118	123	170	215	257	436	572	673	750	808	853	886
110	1036	123	128	178	225	269	455	592	695	771	829	871	904
115	1043	129	134	186	235	281	472	613	716	792	847	889	919
120	1049	134	140	194	245	292	490	632	736	811	865	905	934
125	1055	139	145	202	255	304	507	652	755	829	882	920	948
130	1061	145	151	210	264	316	524	670	773	846	898	935	961
135	1067	150	156	217	274	327	540	688	791	862	913	948	973
140	1072	156	162	225	284	338	556	705	808	878	927	961	985
145	1077	161	167	233	294	350	572	722	824	893	940	972	995
150	1082	166	173	241	303	361	588	739	839	907	952	984	1005
155	1087	172	179	248	313	372	603	754	854	920	964	994	1015
160	1092	177	184	256	322	383	618	770	868	933	976	1004	1023
165	1097	183	190	264	332	394	632	785	882	945	986	1013	1032
170	1101	188	195	272	341	405	647	799	895	957	996	1022	1040
175	1106	194	201	279	350	415	661	813	908	968	1006	1031	1047
180	1110	199	206	287	360	426	674	826	920	978	1015	1039	1054

标准火灾下轻质防火保护钢构件的升温（℃）（等效热阻 0.3m²·℃/W） 附表 1-6

时间 (min)	空气温度 (℃)	有防火保护钢构件的截面形状系数 F_i/V (m^{-1})										
		10	20	30	40	50	100	150	200	250	300	350	400
0	20	20	20	20	20	20	20	20	20	20	20	20	20
5	576	21	22	23	23	24	28	32	37	41	45	49	53
10	678	22	24	26	28	30	40	50	60	70	79	88	98
15	739	23	27	30	34	37	54	70	86	101	116	131	145
20	781	25	30	35	40	44	68	91	113	134	155	174	194
25	815	27	33	39	46	52	83	112	140	167	193	218	241
30	842	28	36	44	52	60	98	134	168	200	231	260	288
35	865	30	40	49	59	68	113	155	195	233	268	301	332
40	885	32	43	54	65	76	129	177	223	265	304	341	375
45	902	33	46	59	72	85	144	199	250	297	340	380	416
50	918	35	50	65	79	93	160	221	276	327	374	417	456
55	932	37	54	70	86	101	175	242	303	358	407	452	493
60	945	39	57	75	93	110	191	263	328	387	439	486	529
65	957	41	61	81	100	119	206	284	354	415	470	519	562
70	968	43	65	86	107	127	222	305	378	443	500	550	594
75	979	44	68	91	114	136	237	325	403	470	529	580	625
80	988	46	72	97	121	145	252	346	426	496	556	608	654
85	997	48	76	102	128	153	267	365	449	521	583	635	681
90	1006	50	80	108	135	162	283	385	472	545	608	661	706
95	1014	52	83	114	143	171	297	404	494	569	632	686	731
100	1022	54	87	119	150	179	312	423	515	592	656	709	754
105	1029	56	91	125	157	188	327	441	536	614	678	732	776
110	1036	58	95	130	164	197	341	459	556	635	700	753	796
115	1043	60	99	136	171	205	356	477	576	656	720	773	816
120	1049	62	103	142	179	214	370	495	595	676	740	792	834
125	1055	64	107	147	186	223	384	512	614	695	759	811	852
130	1061	66	111	153	193	231	398	529	632	713	777	828	868
135	1067	68	115	158	200	240	411	545	650	731	795	845	884
140	1072	71	118	164	207	248	425	561	667	748	812	861	899
145	1077	73	122	170	214	257	438	577	683	765	828	876	913
150	1082	75	126	175	222	265	452	593	700	781	843	890	927
155	1087	77	130	181	229	274	465	608	715	797	858	904	939
160	1092	79	134	187	236	282	477	623	731	811	872	917	951
165	1097	81	138	192	243	291	490	637	746	826	885	930	963
170	1101	83	142	198	250	299	503	651	760	840	898	942	974
175	1106	85	146	203	257	307	515	665	774	853	911	953	984
180	1110	87	150	209	264	316	527	679	788	866	923	964	994

标准火灾下轻质防火保护钢构件的升温（℃）（等效热阻 $0.4m^2 \cdot ℃/W$） 附表 1-7

时间 (min)	空气温度 (℃)	有防火保护钢构件的截面形状系数 F_i/V (m^{-1})										
		10	20	30	40	50	100	150	200	250	300	350	400
0	20	20	20	20	20	20	20	20	20	20	20	20	20
5	576	21	21	22	23	23	26	30	33	36	39	42	45
10	678	22	23	25	26	28	36	43	51	58	66	73	80
15	739	23	25	28	30	33	46	58	71	83	95	106	118
20	781	24	28	31	35	39	57	74	92	108	125	141	156
25	815	25	30	35	40	44	68	91	113	135	155	175	195
30	842	26	32	38	44	50	80	108	135	161	186	210	233
35	865	27	35	42	49	57	92	125	157	187	216	244	270
40	885	29	37	46	55	63	104	142	179	213	246	277	307
45	902	30	40	50	60	69	116	160	201	239	276	310	342
50	918	31	43	54	65	76	128	177	222	265	305	342	377
55	932	33	46	58	70	82	140	194	244	290	333	373	410
60	945	34	48	62	76	89	153	211	265	315	361	403	442
65	957	36	51	66	81	96	165	228	286	339	388	432	473
70	968	37	54	70	87	102	177	245	307	363	414	461	503
75	979	39	57	75	92	109	190	262	328	387	440	488	531
80	988	40	60	79	98	116	202	279	348	410	465	514	559
85	997	42	63	83	103	123	214	295	368	432	489	540	585
90	1006	43	65	87	109	130	226	312	387	454	513	565	611
95	1014	45	68	92	114	136	239	328	406	475	536	589	635
100	1022	46	71	96	120	143	251	344	425	496	558	611	658
105	1029	48	74	100	126	150	263	360	444	516	579	634	681
110	1036	49	77	105	131	157	275	375	462	536	600	655	702
115	1043	51	80	109	137	164	286	391	480	556	620	676	723
120	1049	52	83	113	143	171	298	406	497	575	640	695	742
125	1055	54	86	118	148	178	310	421	514	593	659	715	761
130	1061	55	89	122	154	184	321	436	531	611	677	733	779
135	1067	57	92	127	160	191	333	450	548	628	695	751	797
140	1072	58	95	131	165	198	344	465	564	645	712	768	814
145	1077	60	98	135	171	205	356	479	580	662	729	784	829
150	1082	62	102	140	177	212	367	493	595	678	745	800	845
155	1087	63	105	144	182	218	378	507	610	694	761	815	859
160	1092	65	108	149	188	225	389	520	625	709	776	830	874
165	1097	66	111	153	193	232	400	534	640	724	791	844	887
170	1101	68	114	157	199	239	411	547	654	738	805	858	900
175	1106	70	117	162	205	246	422	560	668	752	819	871	912
180	1110	71	120	166	210	252	433	573	681	766	832	884	924

标准火灾下轻质防火保护钢构件的升温（℃）（等效热阻 0.5m² · ℃/W） 附表 1-8

时间 (min)	空气温度 (℃)	有防火保护钢构件的截面形状系数 F_i/V (m⁻¹)										
		10	20	30	40	50	100	150	200	250	300	350	400
0	20	20	20	20	20	20	20	20	20	20	20	20	20
5	576	21	21	22	22	23	25	28	30	33	35	38	40
10	678	21	23	24	25	26	33	39	45	51	57	63	69
15	739	22	24	26	28	31	41	51	61	71	81	90	100
20	781	23	26	29	32	35	50	64	78	92	106	119	132
25	815	24	28	32	36	40	59	78	96	114	131	148	164
30	842	25	30	35	40	45	69	92	114	136	157	177	197
35	865	26	32	38	44	50	78	106	132	158	182	206	229
40	885	27	34	41	48	55	88	120	151	180	208	235	260
45	902	28	36	44	52	60	98	134	169	202	233	263	291
50	918	29	38	47	56	65	108	149	187	224	258	291	321
55	932	30	41	51	61	71	118	163	205	245	283	318	351
60	945	32	43	54	65	76	129	178	224	267	307	344	380
65	957	33	45	57	70	82	139	192	242	288	331	371	408
70	968	34	47	61	74	87	149	206	259	309	354	396	435
75	979	35	50	64	78	93	159	221	277	329	377	421	461
80	988	36	52	68	83	98	169	235	295	349	399	445	487
85	997	37	54	71	88	104	180	249	312	369	421	469	512
90	1006	39	57	75	92	109	190	263	329	389	443	492	536
95	1014	40	59	78	97	115	200	277	346	408	464	514	559
100	1022	41	62	82	101	120	210	291	363	427	484	536	582
105	1029	42	64	85	106	126	221	304	379	445	504	557	604
110	1036	43	66	89	111	132	231	318	395	464	524	577	625
115	1043	45	69	92	115	137	241	331	411	481	543	597	645
120	1049	46	71	96	120	143	251	345	427	499	562	617	665
125	1055	47	74	99	124	149	261	358	443	516	580	635	684
130	1061	49	76	103	129	154	271	371	458	533	598	654	702
135	1067	50	79	107	134	160	281	384	473	549	615	671	720
140	1072	51	81	110	139	166	290	397	488	565	632	689	737
145	1077	52	84	114	143	172	300	410	502	581	648	705	754
150	1082	54	86	118	148	177	310	422	517	597	664	722	770
155	1087	55	89	121	153	183	320	434	531	612	680	737	785
160	1092	56	91	125	157	189	329	447	545	627	695	752	800
165	1097	58	94	128	162	194	339	459	558	641	710	767	815
170	1101	59	96	132	167	200	348	471	572	655	724	782	829
175	1106	60	99	136	171	206	358	483	585	669	739	796	843
180	1110	61	101	139	176	211	367	494	598	683	752	809	856

附录2 标准火灾下钢管混凝土柱的承载力系数

标准火灾下钢管混凝土柱的承载力系数　　　　　　　　附表2-1

长细比	截面直径或短边宽度（mm）	受火时间（h）											
		圆钢管混凝土柱						矩形钢管混凝土柱					
		0.5	1.0	1.5	2.0	2.5	3.0	0.5	1.0	1.5	2.0	2.5	3.0
10	200	0.62	0.52	0.49	0.46	0.44	0.41	0.42	0.22	0.18	0.18	0.18	0.18
	400	0.64	0.55	0.53	0.51	0.49	0.48	0.44	0.23	0.20	0.20	0.20	0.20
	600	0.66	0.58	0.56	0.55	0.54	0.53	0.47	0.24	0.21	0.21	0.21	0.21
	800	0.68	0.59	0.59	0.58	0.57	0.56	0.49	0.26	0.23	0.23	0.23	0.23
	1000	0.70	0.61	0.60	0.60	0.59	0.59	0.53	0.27	0.25	0.25	0.25	0.25
	1200	0.73	0.62	0.61	0.61	0.61	0.60	0.56	0.29	0.26	0.26	0.26	0.26
	1400	0.75	0.62	0.62	0.62	0.61	0.61	0.60	0.32	0.27	0.27	0.27	0.27
	1600	0.78	0.63	0.62	0.62	0.62	0.62	0.65	0.35	0.28	0.28	0.28	0.28
	1800	0.81	0.64	0.63	0.63	0.63	0.62	0.70	0.39	0.29	0.29	0.29	0.29
	2000	0.85	0.65	0.64	0.64	0.64	0.64	0.77	0.44	0.29	0.29	0.29	0.29
20	200	0.60	0.38	0.33	0.28	0.23	0.18	0.42	0.22	0.18	0.18	0.17	0.16
	400	0.62	0.43	0.40	0.36	0.33	0.30	0.44	0.23	0.20	0.20	0.19	0.18
	600	0.64	0.46	0.45	0.42	0.40	0.38	0.47	0.24	0.22	0.22	0.21	0.20
	800	0.66	0.49	0.48	0.47	0.45	0.44	0.50	0.26	0.24	0.24	0.23	0.22
	1000	0.68	0.51	0.50	0.49	0.48	0.48	0.53	0.27	0.26	0.25	0.25	0.24
	1200	0.71	0.52	0.52	0.51	0.51	0.50	0.56	0.29	0.27	0.27	0.26	0.25
	1400	0.74	0.53	0.53	0.52	0.52	0.52	0.60	0.32	0.28	0.28	0.27	0.27
	1600	0.77	0.54	0.54	0.53	0.53	0.53	0.65	0.35	0.29	0.29	0.28	0.27
	1800	0.80	0.56	0.54	0.54	0.54	0.53	0.70	0.38	0.30	0.30	0.29	0.28
	2000	0.84	0.59	0.56	0.55	0.55	0.55	0.77	0.44	0.31	0.31	0.30	0.29
40	200	0.44	0.25	0.16	0.07	0	0	0.42	0.18	0.15	0.13	0.10	0.07
	400	0.49	0.32	0.26	0.20	0.13	0.07	0.44	0.20	0.17	0.15	0.12	0.09
	600	0.52	0.37	0.33	0.29	0.25	0.21	0.47	0.22	0.19	0.16	0.14	0.11
	800	0.55	0.41	0.38	0.36	0.33	0.30	0.50	0.23	0.21	0.18	0.16	0.13
	1000	0.58	0.43	0.42	0.40	0.38	0.37	0.53	0.25	0.22	0.20	0.17	0.15
	1200	0.61	0.45	0.44	0.43	0.42	0.41	0.56	0.26	0.24	0.21	0.18	0.16
	1400	0.64	0.46	0.46	0.45	0.44	0.43	0.60	0.27	0.25	0.22	0.19	0.17
	1600	0.68	0.47	0.47	0.46	0.45	0.45	0.65	0.28	0.25	0.23	0.20	0.17
	1800	0.73	0.48	0.48	0.47	0.46	0.46	0.70	0.31	0.26	0.23	0.20	0.18
	2000	0.77	0.49	0.49	0.48	0.47	0.47	0.77	0.35	0.26	0.24	0.21	0.19
60	200	0.31	0.17	0.04	0	0	0	0.42	0.15	0.10	0.06	0.01	0
	400	0.36	0.27	0.18	0.09	0.04	0	0.44	0.16	0.12	0.07	0.03	0
	600	0.40	0.33	0.27	0.21	0.15	0.09	0.47	0.18	0.14	0.09	0.04	0
	800	0.42	0.38	0.34	0.30	0.27	0.23	0.49	0.20	0.15	0.11	0.07	0.03
	1000	0.44	0.41	0.39	0.37	0.34	0.32	0.53	0.21	0.17	0.12	0.07	0.03
	1200	0.47	0.44	0.42	0.41	0.39	0.38	0.56	0.22	0.17	0.13	0.08	0.04
	1400	0.51	0.45	0.44	0.43	0.42	0.41	0.60	0.23	0.18	0.13	0.09	0.04
	1600	0.54	0.46	0.45	0.44	0.43	0.42	0.65	0.23	0.18	0.14	0.09	0.04
	1800	0.58	0.47	0.46	0.45	0.44	0.43	0.70	0.23	0.18	0.14	0.09	0.05
	2000	0.64	0.48	0.47	0.46	0.45	0.44	0.77	0.24	0.19	0.14	0.10	0.05

附录3 标准火灾下钢管混凝土柱防火保护层设计厚度

标准火灾下钢管混凝土柱防火保护层的设计厚度（mm）（荷载比0.3）　　附表3-1

长细比	截面直径或短边宽度(mm)	金属网抹M5普通水泥砂浆防火保护层 圆钢管混凝土柱 1.0	1.5	2.0	2.5	3.0	矩形钢管混凝土柱 1.0	1.5	2.0	2.5	3.0	非膨胀型防火涂料防火保护层 圆钢管混凝土柱 1.0	1.5	2.0	2.5	3.0	矩形钢管混凝土柱 1.0	1.5	2.0	2.5	3.0
10	200	0	0	0	0	0	25	25	25	25	25	0	0	0	0	0	10	10	10	10	10
10	400	0	0	0	0	0	25	25	25	25	25	0	0	0	0	0	10	10	10	10	10
10	600	0	0	0	0	0	25	25	25	25	25	0	0	0	0	0	10	10	10	10	10
10	800	0	0	0	0	0	25	25	25	25	25	0	0	0	0	0	10	10	10	10	10
10	1000	0	0	0	0	0	25	25	25	25	25	0	0	0	0	0	10	10	10	10	10
10	1200	0	0	0	0	0	25	25	25	25	25	0	0	0	0	0	10	10	10	10	10
10	1400	0	0	0	0	0	0	25	25	25	25	0	0	0	0	0	0	10	10	10	10
10	1600	0	0	0	0	0	0	25	25	25	25	0	0	0	0	0	0	10	10	10	10
10	1800	0	0	0	0	0	0	25	25	25	25	0	0	0	0	0	0	10	10	10	10
10	2000	0	0	0	0	0	0	25	25	25	25	0	0	0	0	0	0	10	10	10	10
20	200	0	0	25	25	25	25	25	25	25	25	0	0	10	10	10	10	10	10	10	10
20	400	0	0	0	0	25	25	25	25	25	25	0	0	0	0	10	10	10	10	10	10
20	600	0	0	0	0	0	25	25	25	25	25	0	0	0	0	0	10	10	10	10	10
20	800	0	0	0	0	0	25	25	25	25	25	0	0	0	0	0	10	10	10	10	10
20	1000	0	0	0	0	0	25	25	25	25	25	0	0	0	0	0	10	10	10	10	10
20	1200	0	0	0	0	0	25	25	25	25	25	0	0	0	0	0	10	10	10	10	10
20	1400	0	0	0	0	0	0	25	25	25	25	0	0	0	0	0	0	10	10	10	10
20	1600	0	0	0	0	0	0	25	25	25	25	0	0	0	0	0	0	10	10	10	10
20	1800	0	0	0	0	0	0	0	25	25	25	0	0	0	0	0	0	0	10	10	10
20	2000	0	0	0	0	0	0	0	0	25	25	0	0	0	0	0	0	0	0	10	10
40	200	25	25	25	25	26	25	25	25	29	36	10	10	10	10	10	10	10	10	10	10
40	400	0	25	25	25	25	25	25	25	25	28	10	10	10	10	10	10	10	10	10	10
40	600	0	0	25	25	25	25	25	25	25	25	0	10	10	10	10	10	10	10	10	10
40	800	0	0	0	0	0	25	25	25	25	25	0	0	0	0	0	10	10	10	10	10
40	1000	0	0	0	0	0	25	25	25	25	25	0	0	0	0	0	10	10	10	10	10
40	1200	0	0	0	0	0	25	25	25	25	25	0	0	0	0	0	10	10	10	10	10
40	1400	0	0	0	0	0	25	25	25	25	25	0	0	0	0	0	10	10	10	10	10
40	1600	0	0	0	0	0	25	25	25	25	25	0	0	0	0	0	10	10	10	10	10
40	1800	0	0	0	0	0	25	25	25	25	25	0	0	0	0	0	0	10	10	10	10
40	2000	0	0	0	0	0	25	25	25	25	25	0	0	0	0	0	0	10	10	10	10
60	200	25	25	27	31	35	25	25	29	38	45	10	10	10	10	10	10	10	10	10	10
60	400	25	25	25	28	32	25	25	25	30	37	10	10	10	10	10	10	10	10	10	10
60	600	0	25	25	25	25	25	25	25	26	33	0	10	10	10	10	10	10	10	10	10
60	800	0	0	0	25	25	25	25	25	25	30	0	0	0	10	10	10	10	10	10	10
60	1000	0	0	0	0	0	25	25	25	25	27	0	0	0	0	0	10	10	10	10	10
60	1200	0	0	0	0	0	25	25	25	25	25	0	0	0	0	0	10	10	10	10	10
60	1400	0	0	0	0	0	25	25	25	25	25	0	0	0	0	0	10	10	10	10	10
60	1600	0	0	0	0	0	25	25	25	25	25	0	0	0	0	0	10	10	10	10	10
60	1800	0	0	0	0	0	25	25	25	25	25	0	0	0	0	0	10	10	10	10	10
60	2000	0	0	0	0	0	25	25	25	25	25	0	0	0	0	0	10	10	10	10	10

标准火灾下钢管混凝土柱防火保护层的设计厚度（mm）（荷载比0.4） 附表3-2

长细比	截面直径或短边宽度(mm)	金属网抹M5普通水泥砂浆防火保护层 圆钢管混凝土柱 1.0	1.5	2.0	2.5	3.0	矩形钢管混凝土柱 1.0	1.5	2.0	2.5	3.0	非膨胀型防火涂料防火保护层 圆钢管混凝土柱 1.0	1.5	2.0	2.5	3.0	矩形钢管混凝土柱 1.0	1.5	2.0	2.5	3.0
10	200	0	0	0	0	0	25	25	28	34	39	0	0	0	0	0	10	10	10	10	10
	400	0	0	0	0	0	25	25	25	26	30	0	0	0	0	0	10	10	10	10	10
	600	0	0	0	0	0	25	25	25	25	25	0	0	0	0	0	10	10	10	10	10
	800	0	0	0	0	0	25	25	25	25	25	0	0	0	0	0	10	10	10	10	10
	1000	0	0	0	0	0	25	25	25	25	25	0	0	0	0	0	10	10	10	10	10
	1200	0	0	0	0	0	25	25	25	25	25	0	0	0	0	0	10	10	10	10	10
	1400	0	0	0	0	0	25	25	25	25	25	0	0	0	0	0	10	10	10	10	10
	1600	0	0	0	0	0	25	25	25	25	25	0	0	0	0	0	10	10	10	10	10
	1800	0	0	0	0	0	25	25	25	25	25	0	0	0	0	0	10	10	10	10	10
	2000	0	0	0	0	0	0	25	25	25	25	0	0	0	0	0	0	10	10	10	10
20	200	25	25	25	25	25	25	25	29	35	41	10	10	10	10	10	10	10	10	10	10
	400	0	25	25	25	25	25	25	25	27	32	0	10	10	10	10	10	10	10	10	10
	600	0	0	0	0	25	25	25	25	25	27	0	0	0	0	10	10	10	10	10	10
	800	0	0	0	0	0	25	25	25	25	25	0	0	0	0	0	10	10	10	10	10
	1000	0	0	0	0	0	25	25	25	25	25	0	0	0	0	0	10	10	10	10	10
	1200	0	0	0	0	0	25	25	25	25	25	0	0	0	0	0	10	10	10	10	10
	1400	0	0	0	0	0	25	25	25	25	25	0	0	0	0	0	10	10	10	10	10
	1600	0	0	0	0	0	25	25	25	25	25	0	0	0	0	0	10	10	10	10	10
	1800	0	0	0	0	0	25	25	25	25	25	0	0	0	0	0	10	10	10	10	10
	2000	0	0	0	0	0	0	25	25	25	25	0	0	0	0	0	0	10	10	10	10
40	200	25	25	25	31	35	25	26	34	43	52	10	10	10	10	10	10	10	10	10	11
	400	25	25	25	25	27	25	25	27	34	41	10	10	10	10	10	10	10	10	10	10
	600	25	25	25	25	25	25	25	25	29	35	10	10	10	10	10	10	10	10	10	10
	800	0	25	25	25	25	25	25	25	25	31	0	10	10	10	10	10	10	10	10	10
	1000	0	0	0	25	25	25	25	25	25	28	0	0	0	10	10	10	10	10	10	10
	1200	0	0	0	0	0	25	25	25	25	26	0	0	0	0	0	10	10	10	10	10
	1400	0	0	0	0	0	25	25	25	25	25	0	0	0	0	0	10	10	10	10	10
	1600	0	0	0	0	0	25	25	25	25	25	0	0	0	0	0	10	10	10	10	10
	1800	0	0	0	0	0	25	25	25	25	25	0	0	0	0	0	10	10	10	10	10
	2000	0	0	0	0	0	25	25	25	25	25	0	0	0	0	0	10	10	10	10	10
60	200	25	28	36	41	46	25	30	40	51	60	10	10	10	11	12	10	10	10	11	13
	400	25	25	29	38	43	25	25	32	41	49	10	10	10	10	11	10	10	10	10	10
	600	25	25	25	28	35	25	25	28	36	44	10	10	10	10	10	10	10	10	10	10
	800	25	25	25	25	25	25	25	32	32	40	10	10	10	10	10	10	10	10	10	10
	1000	0	25	25	25	25	25	25	30	30	37	0	10	10	10	10	10	10	10	10	10
	1200	0	0	0	25	25	25	25	25	28	34	0	0	0	10	10	10	10	10	10	10
	1400	0	0	0	0	0	25	25	25	26	33	0	0	0	0	0	10	10	10	10	10
	1600	0	0	0	0	0	25	25	25	25	31	0	0	0	0	0	10	10	10	10	10
	1800	0	0	0	0	0	25	25	25	25	30	0	0	0	0	0	10	10	10	10	10
	2000	0	0	0	0	0	25	25	25	25	29	0	0	0	0	0	10	10	10	10	10

标准火灾下钢管混凝土柱防火保护层的设计厚度（mm）（荷载比 0.5）　　附表 3-3

长细比	截面直径或短边宽度 (mm)	设计耐火极限（h）																			
		金属网抹 M5 普通水泥砂浆防火保护层										非膨胀型防火涂料防火保护层										
		圆钢管混凝土柱					矩形钢管混凝土柱					圆钢管混凝土柱					矩形钢管混凝土柱					
		1.0	1.5	2.0	2.5	3.0	1.0	1.5	2.0	2.5	3.0	1.0	1.5	2.0	2.5	3.0	1.0	1.5	2.0	2.5	3.0
10	200	0	25	25	25	25	25	33	41	49	57	0	10	10	10	10	10	10	10	12	15
	400	0	0	0	25	25	25	26	32	38	45	0	0	0	10	10	10	10	10	10	11
	600	0	0	0	0	0	25	25	28	33	38	0	0	0	0	0	10	10	10	10	10
	800	0	0	0	0	0	25	25	25	29	34	0	0	0	0	0	10	10	10	10	10
	1000	0	0	0	0	0	25	25	25	27	31	0	0	0	0	0	10	10	10	10	10
	1200	0	0	0	0	0	25	25	25	25	28	0	0	0	0	0	10	10	10	10	10
	1400	0	0	0	0	0	25	25	25	25	27	0	0	0	0	0	10	10	10	10	10
	1600	0	0	0	0	0	25	25	25	25	25	0	0	0	0	0	10	10	10	10	10
	1800	0	0	0	0	0	25	25	25	25	25	0	0	0	0	0	10	10	10	10	10
	2000	0	0	0	0	0	25	25	25	25	25	0	0	0	0	0	10	10	10	10	10
20	200	25	25	25	25	26	25	33	42	50	59	10	10	10	10	10	10	10	10	12	14
	400	25	25	25	25	25	25	26	33	40	47	10	10	10	10	10	10	10	10	10	10
	600	25	25	25	25	25	25	25	28	34	40	10	10	10	10	10	10	10	10	10	10
	800	25	25	25	25	25	25	25	25	30	36	10	10	10	10	10	10	10	10	10	10
	1000	25	25	25	25	25	25	25	25	27	32	0	0	0	0	0	10	10	10	10	10
	1200	0	0	0	0	0	25	25	25	25	30	0	0	0	0	0	10	10	10	10	10
	1400	0	0	0	0	0	25	25	25	25	28	0	0	0	0	0	10	10	10	10	10
	1600	0	0	0	0	0	25	25	25	25	26	0	0	0	0	0	10	10	10	10	10
	1800	0	0	0	0	0	25	25	25	25	25	0	0	0	0	0	10	10	10	10	10
	2000	0	0	0	0	0	25	25	25	25	25	0	0	0	0	0	10	10	10	10	10
40	200	25	25	32	38	43	26	36	46	57	68	10	10	10	11	12	10	10	10	12	14
	400	25	25	25	29	35	25	29	37	46	54	10	10	10	10	10	10	10	10	10	10
	600	25	25	25	25	28	25	25	32	40	47	10	10	10	10	10	10	10	10	10	10
	800	25	25	25	25	25	25	25	29	36	43	10	10	10	10	10	10	10	10	10	10
	1000	25	25	25	25	25	25	25	26	33	39	10	10	10	10	10	10	10	10	10	10
	1200	25	25	25	25	25	25	25	25	30	37	10	10	10	10	10	10	10	10	10	10
	1400	25	25	25	25	25	25	25	25	29	35	10	10	10	10	10	10	10	10	10	10
	1600	25	25	25	25	25	25	25	25	27	33	10	10	10	10	10	10	10	10	10	10
	1800	25	25	25	25	25	25	25	25	26	32	10	10	10	10	10	10	10	10	10	10
	2000	25	25	25	25	25	25	25	25	25	30	10	10	10	10	10	10	10	10	10	10
60	200	25	36	45	51	58	29	40	52	64	75	10	10	11	13	15	10	10	10	13	16
	400	25	29	38	47	53	25	32	42	52	61	10	10	10	12	14	10	10	10	10	12
	600	25	25	31	39	47	25	28	37	46	55	10	10	10	10	12	10	10	10	10	10
	800	25	25	25	31	38	25	26	33	41	50	10	10	10	10	10	10	10	10	10	10
	1000	25	25	25	25	30	25	25	31	38	46	10	10	10	10	10	10	10	10	10	10
	1200	25	25	25	25	25	25	25	29	36	44	10	10	10	10	10	10	10	10	10	10
	1400	25	25	25	25	25	25	25	28	35	42	10	10	10	10	10	10	10	10	10	10
	1600	25	25	25	25	25	25	25	27	33	40	10	10	10	10	10	10	10	10	10	10
	1800	25	25	25	25	25	25	25	26	32	39	10	10	10	10	10	10	10	10	10	10
	2000	25	25	25	25	25	25	25	25	31	37	10	10	10	10	10	10	10	10	10	10

标准火灾下钢管混凝土柱防火保护层的设计厚度（mm）（荷载比 0.6） 附表 3-4

长细比	截面直径或短边宽度 (mm)	金属网抹 M5 普通水泥砂浆防火保护层 圆钢管混凝土柱 1.0	1.5	2.0	2.5	3.0	矩形钢管混凝土柱 1.0	1.5	2.0	2.5	3.0	非膨胀型防火涂料防火保护层 圆钢管混凝土柱 1.0	1.5	2.0	2.5	3.0	矩形钢管混凝土柱 1.0	1.5	2.0	2.5	3.0
10	200	25	25	25	25	25	32	43	53	64	74	10	10	10	10	10	10	10	13	16	19
10	400	25	25	25	25	25	25	34	43	51	59	10	10	10	10	10	10	10	10	12	14
10	600	25	25	25	25	25	25	30	37	44	52	10	10	10	10	10	10	10	10	10	12
10	800	25	25	25	25	25	25	27	34	40	47	10	10	10	10	10	10	10	10	10	10
10	1000	0	0	25	25	25	25	25	31	37	43	0	0	10	10	10	10	10	10	10	10
10	1200	0	0	0	0	0	25	25	29	35	40	0	0	0	0	0	10	10	10	10	10
10	1400	0	0	0	0	0	25	25	27	33	38	0	0	0	0	0	10	10	10	10	10
10	1600	0	0	0	0	0	25	25	26	31	36	0	0	0	0	0	10	10	10	10	10
10	1800	0	0	0	0	0	25	25	25	30	35	0	0	0	0	0	10	10	10	10	10
10	2000	0	0	0	0	0	25	25	25	29	33	0	0	0	0	0	10	10	10	10	10
20	200	25	25	25	28	33	32	44	54	65	76	10	10	10	10	11	10	12	15	18	—
20	400	25	25	25	25	25	26	35	44	52	61	10	10	10	10	10	10	10	10	11	13
20	600	25	25	25	25	25	25	31	38	46	53	10	10	10	10	10	10	10	10	10	11
20	800	25	25	25	25	25	25	28	34	41	48	10	10	10	10	10	10	10	10	10	10
20	1000	25	25	25	25	25	25	26	32	38	45	10	10	10	10	10	10	10	10	10	10
20	1200	25	25	25	25	25	25	25	30	36	42	10	10	10	10	10	10	10	10	10	10
20	1400	25	25	25	25	25	25	25	28	34	39	10	10	10	10	10	10	10	10	10	10
20	1600	25	25	25	25	25	25	25	27	32	37	10	10	10	10	10	10	10	10	10	10
20	1800	25	25	25	25	25	25	25	26	31	36	10	10	10	10	10	10	10	10	10	10
20	2000	25	25	25	25	25	25	25	25	29	34	10	10	10	10	10	10	10	10	10	10
40	200	25	31	39	46	52	35	47	59	71	83	10	10	10	13	15	10	10	12	15	17
40	400	25	25	31	37	43	28	38	47	57	68	10	10	10	10	12	10	10	10	11	13
40	600	25	25	26	31	37	25	33	42	50	59	10	10	10	10	11	10	10	10	10	11
40	800	25	25	25	27	32	25	30	38	46	54	10	10	10	10	10	10	10	10	10	10
40	1000	25	25	25	25	27	25	28	35	43	50	10	10	10	10	10	10	10	10	10	10
40	1200	25	25	25	25	25	25	26	33	40	47	10	10	10	10	10	10	10	10	10	10
40	1400	25	25	25	25	25	25	25	31	38	45	10	10	10	10	10	10	10	10	10	10
40	1600	25	25	25	25	25	25	25	30	36	43	10	10	10	10	10	10	10	10	10	10
40	1800	25	25	25	25	25	25	25	29	35	41	10	10	10	10	10	10	10	10	10	10
40	2000	25	25	25	25	25	25	25	28	34	40	10	10	10	10	10	10	10	10	10	10
60	200	31	44	54	61	69	37	50	63	77	90	10	11	13	16	18	10	10	13	16	19
60	400	26	38	47	56	64	30	41	52	63	74	10	10	12	14	17	10	10	10	12	14
60	600	25	33	42	50	58	27	36	46	55	66	10	10	10	12	15	10	10	10	10	12
60	800	25	29	37	44	52	25	33	42	51	60	10	10	10	11	13	10	10	10	10	10
60	1000	25	26	33	39	46	25	31	39	47	56	10	10	10	10	12	10	10	10	10	10
60	1200	25	25	29	35	41	25	29	37	45	53	10	10	10	10	10	10	10	10	10	10
60	1400	25	25	27	32	37	25	27	35	43	51	10	10	10	10	10	10	10	10	10	10
60	1600	25	25	26	30	35	25	26	34	41	49	10	10	10	10	10	10	10	10	10	10
60	1800	25	25	25	29	34	25	26	33	40	47	10	10	10	10	10	10	10	10	10	10
60	2000	25	25	25	28	32	25	25	31	38	46	10	10	10	10	10	10	10	10	10	10

标准火灾下钢管混凝土柱防火保护层的设计厚度（mm）（荷载比 0.7）　　附表 3-5

长细比	截面直径或短边宽度（mm）	金属网抹 M5 普通水泥砂浆防火保护层										非膨胀型防火涂料防火保护层									
		圆钢管混凝土柱					矩形钢管混凝土柱					圆钢管混凝土柱					矩形钢管混凝土柱				
		1.0	1.5	2.0	2.5	3.0	1.0	1.5	2.0	2.5	3.0	1.0	1.5	2.0	2.5	3.0	1.0	1.5	2.0	2.5	3.0
10	200	25	25	25	27	31	40	53	66	79	91	10	10	10	10	11	10	12	16	20	23
	400	25	25	25	25	25	32	43	53	63	74	10	10	10	10	10	10	10	12	15	17
	600	25	25	25	25	25	28	38	47	56	65	10	10	10	10	10	10	10	10	12	14
	800	25	25	25	25	25	26	34	43	51	59	10	10	10	10	10	10	10	10	11	13
	1000	25	25	25	25	25	25	32	40	47	55	10	10	10	10	10	10	10	10	10	12
	1200	25	25	25	25	25	25	30	37	45	52	10	10	10	10	10	10	10	10	10	11
	1400	25	25	25	25	25	25	29	36	43	49	10	10	10	10	10	10	10	10	10	10
	1600	25	25	25	25	25	25	28	34	41	47	10	10	10	10	10	10	10	10	10	10
	1800	25	25	25	25	25	25	27	33	39	46	10	10	10	10	10	10	10	10	10	10
	2000	25	25	25	25	25	25	26	32	38	44	10	10	10	10	10	10	10	10	10	10
20	200	25	25	31	36	41	41	54	67	80	93	10	10	10	11	13	10	12	15	18	22
	400	25	25	25	28	32	33	44	54	65	76	10	10	10	10	11	10	10	12	13	16
	600	25	25	25	25	28	29	39	48	57	67	10	10	10	10	10	10	10	10	11	13
	800	25	25	25	25	25	27	35	44	52	61	10	10	10	10	10	10	10	10	10	12
	1000	25	25	25	25	25	25	33	41	49	57	10	10	10	10	10	10	10	10	10	11
	1200	25	25	25	25	25	25	31	38	46	53	10	10	10	10	10	10	10	10	10	10
	1400	25	25	25	25	25	25	29	37	44	51	10	10	10	10	10	10	10	10	10	10
	1600	25	25	25	25	25	25	28	35	42	49	10	10	10	10	10	10	10	10	10	10
	1800	25	25	25	25	25	25	27	34	40	47	10	10	10	10	10	10	10	10	10	10
	2000	25	25	25	25	25	25	26	33	39	45	10	10	10	10	10	10	10	10	10	10
40	200	28	38	46	53	60	43	57	71	85	99	10	10	12	15	17	10	11	14	17	21
	400	25	32	39	45	52	35	46	58	69	81	10	10	10	12	15	10	10	10	13	15
	600	25	29	35	40	46	31	41	51	61	71	10	10	10	11	13	10	10	10	11	13
	800	25	26	32	37	42	28	37	47	56	65	10	10	10	10	12	10	10	10	10	11
	1000	25	25	30	34	39	26	35	44	52	61	10	10	10	10	11	10	10	10	10	10
	1200	25	25	28	32	37	25	33	41	50	58	10	10	10	10	11	10	10	10	10	10
	1400	25	25	27	31	35	25	32	39	47	55	10	10	10	10	10	10	10	10	10	10
	1600	25	25	26	29	33	25	30	38	45	53	10	10	10	10	10	10	10	10	10	10
	1800	25	25	25	28	32	25	29	36	44	51	10	10	10	10	10	10	10	10	10	10
	2000	25	25	25	28	31	25	28	35	42	50	10	10	10	10	10	10	10	10	10	10
60	200	38	52	62	71	81	45	60	75	90	105	10	12	15	18	21	10	11	15	18	22
	400	34	46	56	66	74	37	49	61	74	86	10	11	14	17	19	10	10	11	13	16
	600	32	43	52	61	70	33	44	54	65	76	10	10	12	15	18	10	10	10	11	13
	800	30	40	49	57	65	30	40	50	60	70	10	10	12	14	16	10	10	10	10	12
	1000	29	38	46	54	62	28	37	47	56	66	10	10	11	13	15	10	10	10	10	11
	1200	27	37	44	51	59	27	35	44	53	62	10	10	10	12	15	10	10	10	10	10
	1400	27	36	43	49	56	26	34	42	51	60	10	10	10	12	14	10	10	10	10	10
	1600	26	35	42	48	55	25	33	41	49	57	10	10	10	12	14	10	10	10	10	10
	1800	25	34	41	47	54	25	32	39	47	56	10	10	10	11	13	10	10	10	10	10
	2000	25	33	40	46	53	25	31	38	46	54	10	10	10	11	13	10	10	10	10	10

标准火灾下钢管混凝土柱防火保护层的设计厚度（mm）（荷载比0.8） 附表3-6

长细比	截面直径或短边宽度(mm)	金属网抹M5普通水泥砂浆防火保护层 圆钢管混凝土柱 1.0	1.5	2.0	2.5	3.0	金属网抹M5普通水泥砂浆防火保护层 矩形钢管混凝土柱 1.0	1.5	2.0	2.5	3.0	非膨胀型防火涂料防火保护层 圆钢管混凝土柱 1.0	1.5	2.0	2.5	3.0	非膨胀型防火涂料防火保护层 矩形钢管混凝土柱 1.0	1.5	2.0	2.5	3.0
10	200	25	25	30	34	38	46	60	74	89	103	10	10	10	11	13	10	14	18	22	26
10	400	25	25	25	27	30	37	49	60	72	84	10	10	10	10	11	10	10	13	16	20
10	600	25	25	25	25	26	33	43	53	64	74	10	10	10	10	10	10	10	11	14	16
10	800	25	25	25	25	25	30	40	49	58	68	10	10	10	10	10	10	10	10	12	15
10	1000	25	25	25	25	25	28	37	46	55	64	10	10	10	10	10	10	10	10	11	13
10	1200	25	25	25	25	25	27	35	43	52	60	10	10	10	10	10	10	10	10	10	12
10	1400	25	25	25	25	25	25	33	41	49	57	10	10	10	10	10	10	10	10	10	12
10	1600	25	25	25	25	25	25	32	40	47	55	10	10	10	10	10	10	10	10	10	11
10	1800	25	25	25	25	25	25	31	38	46	53	10	10	10	10	10	10	10	10	10	10
10	2000	25	25	25	25	25	25	30	37	44	52	10	10	10	10	10	10	10	10	10	10
20	200	25	30	36	41	47	47	61	76	91	106	10	10	11	13	15	10	13	17	21	24
20	400	25	25	29	33	38	38	50	62	74	86	10	10	10	11	12	10	12	15	18
20	600	25	25	26	30	33	34	44	55	65	76	10	10	10	10	11	10	10	13	15
20	800	25	25	25	27	31	31	41	50	60	70	10	10	10	10	11	10	10	11	13
20	1000	25	25	25	25	29	29	38	47	56	65	10	10	10	10	10	10	10	10	12
20	1200	25	25	25	25	27	27	36	45	53	62	10	10	10	10	10	10	10	10	11
20	1400	25	25	25	25	26	26	34	43	51	59	10	10	10	10	10	10	10	10	11
20	1600	25	25	25	25	25	25	33	41	49	57	10	10	10	10	10	10	10	10	10
20	1800	25	25	25	25	25	25	32	40	47	55	10	10	10	10	10	10	10	10	10
20	2000	25	25	25	25	25	25	31	38	46	53	10	10	10	10	10	10	10	10	10
40	200	32	43	51	59	66	49	64	79	95	110	10	11	13	16	19	10	12	16	19	23
40	400	28	37	44	51	57	40	52	65	77	90	10	10	12	14	16	10	10	12	14	17
40	600	26	34	40	46	53	35	46	58	69	80	10	10	11	13	15	10	10	10	12	14
40	800	25	32	38	44	49	32	43	53	64	73	10	10	10	12	14	10	10	10	10	12
40	1000	25	30	36	42	47	30	40	50	59	69	10	10	10	12	14	10	10	10	10	11
40	1200	25	29	35	40	45	29	38	47	56	65	10	10	10	11	13	10	10	10	10	10
40	1400	25	28	34	39	44	28	36	45	54	62	10	10	10	11	12	10	10	10	10	10
40	1600	25	27	33	38	43	27	35	43	52	60	10	10	10	11	12	10	10	10	10	10
40	1800	25	27	32	37	42	26	34	42	50	58	10	10	10	10	12	10	10	10	10	10
40	2000	25	26	31	36	41	25	33	41	48	56	10	10	10	10	12	10	10	10	10	10
60	200	43	57	69	79	89	51	67	83	99	115	10	14	17	20	24	10	13	16	20	24
60	400	40	53	63	72	82	42	55	68	81	94	10	12	15	18	21	10	10	12	15	18
60	600	38	50	60	68	78	37	49	61	72	84	10	11	14	17	20	10	10	10	12	15
60	800	36	48	58	66	75	34	45	56	67	77	10	11	14	16	19	10	10	10	11	13
60	1000	35	47	56	64	73	32	42	52	63	73	10	11	13	16	18	10	10	10	10	12
60	1200	35	46	55	63	71	30	40	50	59	69	10	10	13	15	18	10	10	10	10	11
60	1400	34	45	54	62	70	29	38	48	57	66	10	10	12	15	17	10	10	10	10	10
60	1600	33	44	53	61	69	28	37	46	55	64	10	10	12	14	17	10	10	10	10	10
60	1800	33	44	52	60	68	27	36	44	53	61	10	10	12	14	17	10	10	10	10	10
60	2000	32	43	51	59	67	26	35	43	51	60	10	10	12	14	16	10	10	10	10	10

参 考 文 献

[1] AISC. Specification for Structural Steel Buildings：AISC 360—16 [S]. Chicago：AISC，2016.

[2] BSI. The structural use of steel work in buildings：BS 5950—8 [S]. London：BSI，2003.

[3] 中国工程建设标准化协会. 建筑钢结构防火技术规范：CECS 200：2006 [S]. 北京：中国计划出版社，2006.

[4] 广东省住房和城乡建设厅. 建筑混凝土结构耐火设计技术规程：DBJ/T 15-81—2022 [S]. 北京：中国建筑工业出版社，2022.

[5] CEN. Eurocode 3：Design of Steel Structures [S]. Brussels：CEN，2022.

[6] CEN. Eurocode 4：Design of Composite Steel and Concrete Structures [S]. Brussels：CEN，2022.

[7] 中华人民共和国住房和城乡建设部. 工程结构可靠性设计统一标准：GB 50153—2008 [S]. 北京：中国建筑工业出版社，2008.

[8] 中华人民共和国住房和城乡建设部. 民用建筑热工设计规范：GB 50176—2016 [S]. 北京：中国建筑工业出版社，2016.

[9] 中华人民共和国住房和城乡建设部. 建筑工程施工质量验收统一标准：GB 50300—2013 [S]. 北京：中国建筑工业出版社，2013.

[10] 国家质量监督检验检疫总局，国家标准化管理委员会. 建筑构件耐火试验方法 第1部分：通用要求：GB/T 9978.1—2008 [S]. 北京：中国标准出版社，2008.

[11] 国家市场监督管理总局．国家标准化管理委员会. 建筑构件耐火试验方法 第2部分：耐火试验试件受火作用均匀的测量指南：GB/T 9978.2—2019 [S]. 北京：中国标准出版社，2019.

[12] 国家市场监督管理总局，国家标准化管理委员会. 钢结构防火涂料：GB 14907—2018 [S]. 北京：中国标准出版社，2018.

[13] 中华人民共和国住房和城乡建设部. 建筑结构荷载规范：GB 50009—2012 [S]. 北京：中国建筑工业出版社，2012.

[14] 中华人民共和国住房和城乡建设部. 建筑设计防火规范（2018年版）：GB 50016—2014 [S]. 北京：中国计划出版社，2018.

[15] 中华人民共和国住房和城乡建设部. 钢结构设计标准：GB 50017—2017 [S]. 北京：中国建筑工业出版社，2017.

[16] 中华人民共和国住房和城乡建设部. 火力发电厂与变电站设计防火标准：GB 50229—2019 [S]. 北京：中国计划出版社，2019.

[17] 中华人民共和国住房和城乡建设部. 建筑钢结构防火技术规范：GB 51249—2017 [S]. 北京：中国计划出版社，2017.

[18] 中华人民共和国住房和城乡建设部. 建筑防火通用规范：GB 55037—2022 [S]. 北京：中国计划出版社，2022.

[19] ISO. Fire-Resistance Tests-Elements of Building Construction-Part 1：General Requirement：ISO 834-1：1999 [S]. Geneva：ISO，1999.

[20] 中华人民共和国住房和城乡建设部. 组合结构设计规范：JGJ 138—2016 [S]. 北京：中国建筑工业出版社，2016.

[21] WANG W, KODUR V. Material properties of steel in fire conditions [M]. Singapore：Academic Press，2019.

[22] 杜咏,楼国彪,张海燕,等.结构工程防火[M].武汉:武汉大学出版社,2014.
[23] 李国强,韩林海,楼国彪,等.钢结构及钢-混凝土组合结构抗火设计[M].北京:中国建筑工业出版社,2006.
[24] 王卫永,李国强.高强度Q460钢结构抗火设计原理[M].北京:科学出版社,2015.